西樵歷史文化文獻叢書

桑園圍總志（三）

（清）明之綱
（清）盧維球　纂修

广西师范大学出版社
GUANGXI NORMAL UNIVERSITY PRESS
·桂林·

縣奉　督憲催查條鑾各石諭

諭桑園圍首事何毓齡等知悉現奉

督憲札開照得縣屬毗連順德之桑園圍基

奏明建築石隄工程緊要所需石條石塊議在九龍南沙十字門等處山塲採取經南海縣選派石匠曾名高前往開採并據藩司詳明限二十五年五月內採足封閉在案今前項石隄自開工至今尚取十分之三詢係石料不能應手故工程不能迅速查向來開採山石俱先儘工應用其餘不合用石塊方准石匠售賣該石匠在南海出具承接單自限每月運石三百號今自開採至今已逾三

月尚不足六百號明係將所採石料私售透漏玩
視要工殊屬可惡除札委署水師提標左營中軍
守備佘清并新安縣會同親赴九龍山等處密行
查察并提石匠曾名高及船戶人等嚴訊因何運
石短少究係何人私行售賣查出前項情弊卽將
私售遲悞要工之人在於採石處所枷號示衆一
面會同周歷各工嚴催多雇石匠船隻上緊採運
務補足每月三百號之數如敢仍前玩悞以致停
工待料四月半前不能完工立卽稟請提究毋稍
狥縱仍先將辦理緣由稟覆察查切速外備札仰
縣卽便嚴督承辦紳士漏夜興築務於來年西潦

未發以前完工以資捍衛毋稍遲逾切切特札等
因奉此合諭飭遵諭到該圍首事何毓齡等卽便
遵照查明該石匠因何不能按月趲運足數有無
偷漏私賣情弊立卽稟覆赴縣以憑拏究該首事
等仍卽趕緊督率各工丁漏夜興築務於來年西
潦未漲以前完工毋延悞愼速特諭

遵諭稟覆繳圖呈
具稟桑園圍首事候委訓導何毓齡舉人潘澄江
為據實稟覆仰祈垂鑒轉報事緣毓等於二十四
年十二月二十三日接奉　前台仰札諭內開現
奉
督憲札開照得縣屬毗連順德之桑園圍基
奏明建築石隄工程緊要所需石条石塊議在九
龍南沙十字門等處山塲採取經南海縣選派石
匠會名高前往開採并據藩司詳明限二十五年
五月內採足封閉在案今前項石隄自開工至今
尚取十分之三詢係石料不能應手故工程不能

迅速查向來開採山石俱先儘工應用其餘不合用石塊方准石匠售賣該石匠在南海出具承接單自限每月運石三百號今自開採至今已逾三月尚不足六百號明係將所採石料私售透漏玩視要工殊屬可惡除札委署水師提標左營中軍守備佘清并新安縣會同親赴九龍山等處密行查察並提石匠會名高及船戶人等嚴訊因何運石短少究係何人私行售賣查出前項情弊卽將私售遲悞要工之人在於採石處所枷號示衆一面會同周歷各工嚴催多雇石匠船隻上緊採運務補足每月三百號之數如敢仍前玩悞以致停

工待料四月半前不能完工立即禀明提究毋稍
徇縱仍先將辦理緣由禀覆查察切速外備札仰
縣即便嚴督承辦紳士漏夜興築務於來年西潦
未漲以前完工以資捍衛毋稍遲逾續於二十四
日九江余守府到局面奉
制憲諭飭 毓 等將前項緣由即行禀覆等因奉此
毓 等遵查義紳盧文錦伍元芝伍元蘭合助番銀
一十萬兩築建桑園圍石隄荷蒙 前台諭令 毓
等接辦屢辭未蒙恩准遵即妥議章程禀請詳核
旋召募各處石匠雲天富等議價時會名高取價
畧少 毓 等自捐開山採運未敢擅便帶同石匠赴

署立畢業於九月十九日給發告示交石匠曾名
高收領限以十月初十日內運石赴局每月條鑾
各石共運足三百號數不得延悞 毓 等卽擇於九
月二十四日興工十月初二日分派首事前往各
廠司理曾名高於十四日始行運到石船查十月
內所到船號甚爲稀少詢責據說現在辦事伊始
各船一時難以速雇是以稽遲嗣後自當多雇船
隻趕緊照數運足等語迨十一月中旬查核僅及
二百餘號經 前台仲與委員大爲嚴飭復諭嚴
催十二月底核算共僅運得石船將及六百號事
經三月石船短少三分之一寔難保其無偷漏私

賣情弊𦤎等在局辦事九龍等山遠處大洋難於
稽察惟有仰懇
憲恩嚴行究懲勒令石匠曾名高趕緊運足以應
巨工至各段土石各工會計現有四分工程其餘
自當趕速辦理務於四月內完竣以仰慰
列憲軫念焦勞茲奉前因理合據實稟明并將圍
圖內自九月興工起至十二月底止工程分數粘
明呈
核所繳圍圖係前奉
制憲面諭繪送伏懇據情轉詳將圍圖一幅同繳
寔爲

恩便爲此稟赴

大老爺台前　恩鑒施行

計繳圍圖二幅

縣憲飭造册諭

署南海縣正堂即用分府吉　諭首事何毓齡潘澄江知悉桑園圍修築石隄一案查該首事等於前縣任內繳致石數工料册查核所開蠻石並無斤數條石並無件數坭工亦無担數統以收到幾船造報查土石均定有價銀將來堆砌亦須積井成算此雖民捐民辦但已入奏必須報部似此籠統開造必干駁詰合就諭飭諭到該首事即便遵照立將前報之册另行改造嗣後如遇運到蠻石條石務必按查斤數件數及各廠基段施用坭工担數逐一開列明晰繳赴本縣以憑察核此次工

程重大首事責任匪輕毋任浮冒疎忽致干未便

特諭

稟催石匠趕運呈

爲疲玩悞工懇　恩嚴催趕運以期告竣事緣毓
等遵奉辦理桑園圍基務經將石匠曾名高貽悞
短運緣由稟明　前臺并於本年正月十一日稟
呈　憲鑒復蒙面諭毓等具結准於四月內告竣
在案登卽稟辭回局趕辦查核曾名高自上年十
月起至十二月底止共運到条石一百二十八號
照原立單每號長以四十丈爲率尚不致有短少
其巒石每號以十萬斤爲率現雖有四百餘號之
名而斤數僅及二百九十九號竟至短少一百四
十餘號之多且自正月以來条巒各石共僅運得

一十四號似此疲玩勢必大悞基工雖該匠立限
二月內運足敷用究恐其被拘狡釋故態復萌核
至二月爲日無多恐難運應 毓 等奉辦責任匪輕
固不敢稍存懈怠辜負 憲恩且室家田廬均處
圍中倘遇潦水漲發殊堪憂懼刻下停工待石非
仗 霜威嚴催工程難以藏事理合禀懇 憲臺
勒令石匠曾名高趕緊趲運并移知 佘守府新
安縣主一體查辦庶石匠不敢再行疲玩大工得
以如期告竣寔爲 恩便爲此禀赴

縣憲催辦諭

爲諭飭遵照事案照桑園圍修築石隄工程浩大需石繁多緣石匠曾名高運石不能應手以致工所遲滯除飭令曾名高具限尅期運足石塊前赴基工趕辦外合就札飭諭到該首事何毓齡等立卽遵照所有該圍基段先儘險要處所趁此天晴日煖春潦未到之際并工集料趕辦完竣再辦次要之工其餘挨次修築完固務於本年四月中旬報竣如石匠裝運石料仍復無多不敷各廠應用有悞大工亦卽稟明

本縣以憑究辦至各堡紳士倘不顧全局惟圖自

善其基爭先阻撓亦卽稟明聽候察究事大責重

該首事毋稍瞻狥自悞特論

縣奉　督憲檄飭情節辦理諭現奉
督憲牌開嘉慶二十五年正月二十九日據署東
莞縣吳廷揚稟稱案奉
本府札開奉布政使司札開嘉慶二十四年十二
月二十日奉
太子少保兩廣總督部堂阮　憲札照得南海縣
屬毗連順德之桑園圍基
奏明建築石隄工程緊要所需石条石塊議在九龍
南沙十字門等處山場採取經南海縣選派石匠
會名高前往開採并據藩司詳明限二十五年五
月内採足封閉在案今前項石隄自開工至今尚

止十分之三詢係石料不能應手故工程不能迅速查向來開採山石俱先儘工需應用下餘不合用石塊方准石匠售賣該石匠在南海出具承接單自限每月運石三百號今自開採至今已逾三月尚不足六百號明係將所採料石私售透漏玩視要工殊屬可惡備札仰司行府飭縣即便遵照尅日會同營員親赴開採該管山塲密行查察並提石匠曾名高及船戶人等嚴訊因何運石短少究係何人私行售賣查出前項情弊即將私售遲悞要工之人在於採石處所枷號示衆一面會同周歷各工嚴催多雇石匠船隻上緊採運務補足

每月三百號之數如敢仍前玩悞以致停工待料
四月半前不能完工立即稟請提究毋稍狥縱仍
將辦理緣由先行通稟察核等因又於嘉慶二十
五年正月二十四日奉布政使司札開飭縣即便
遵照立將石匠曾名高前往南沙山塲開採石塊
會同營員飭令沿途各口岸砲臺塘汛巡船兵役
及所屬捕巡各官不時稽察採運毋許偷賣遲悞
如應給照亦即倣照新安縣刊給編列字號予以
往返限期倘有藉端遲逾立即嚴提究辦該縣仍
將該匠現在雇集工丁名數及每日採運若干先
行列册稟核無稍狥縱玩悞等因各到縣奉此卑

職遵即移會營員親赴南沙山場嚴密查察并提石匠會名高及船戶人等查訊據供南沙山石每月應運工石一百號自上年十月起至現在止尚未滿四個月應運工石三百八十餘號已陸續運赴石二百三十二號尚短運石一百四十餘號寔因雇工雇船不及以致遲悞並無私賣透漏等供據此卑職查該處現集工丁核其採運數目尚屬相符現在勒催該匠趕緊雇工開採雇船起運務足每月一百號之數並專委該管之鈌口司巡檢隨時會營在山稽察其石船運工自應倣照新安縣一體編號給照即於照內酌填限期催令赴工

其驗發照單亦即責成該巡檢專司其事將發照
銷照數目每十日報縣一次並懇檄飭承辦基工
之員查照如遇石船到工驗照查收給予圖記
回照繳查庶不致船戶沿途盜賣仍移行沿途口
岸砲臺塘汛巡船兵役務須驗照放行不得留難
需索以致欲速反遲 卑職仍當不時親赴稽查不
敢稍有弊運至飭造工丁名數及每日採運若干
清冊現在查趕造一俟造齊即當另文申繳緣奉
前因合將遵辦緣由先行通稟察核等因到本部
堂據此除批回該縣督飭鉠口司巡檢認眞查催
速採速運如有仍前遲悞及私售透漏情弊一經

察出該巡檢同干未便外合就檄飭備牌仰縣即
便轉飭駐工委員遵照如遇有九龍南沙十字門
三處石船到工立即驗照查收給予圖記回照繳
查如有號數不符及運不足數該委員即行報縣
查究毋稍徇縱等因奉此查本案先經本縣稟請
大憲并分別移諭定以石船到工交總局首事查
驗將照截角留存彙繳移還銷號在案茲奉牌行
前因是毋庸再行留存祇須截角蓋用圖記回照
除移新安香山二縣署水師提標左營中軍守府
佘并在工委員外合就諭遵諭到該首事何毓齡
潘澄江立即查照現奉

督憲檄飭情節辦理毋違特諭

縣奉　督憲札諭
諭桑園圍總理首事何毓齡潘澄江知悉現奉
藩憲札開嘉慶二十五年二月初一日奉
太子少保兩廣部堂阮　批據該縣具稟案查原
估桑園圍基工料銀七萬七千餘兩勒限本年四
月完竣溯自上年九月興工至臘月底計領過銀
四萬兩據紳士經手已支給過銀二萬七千兩祗
因石未應手工僅三成業經前令具稟在案查該
圍地當西北兩江之衝捍衛田廬亘長九千餘丈
仰蒙　憲臺軫念民瘼訓示周詳并飭將石匠曾
名高查究等因卑職當即傳該石匠嚴飭具限務於

二月內趕運赴工現奉檄行又經移知在山稽查之署水師營守備佘清暨新安縣并桑園圍總局委員首事等將日逐所到石船挨號查收十日一次繳報以杜偷漏貽悞之弊卑職於十八日叩辭後前赴該圍會同委員傳齊首事周歷基所查勘石工大畧與首事所報相同查該圍於丁丑年間西潦冲缺卑職曾經奉委查辦但今昔情形不同復與首事等妥爲相度因地制宜務期全圍大局分別緊緩次第修築方爲扼要因查各紳士分段修築多有只圖搶修本堡基圍反置全局於不問茲分別最險次險細加講求海舟一堡同大洛口

最爲頂冲之處基工已未興修不等設遇潦水驟漲關係非輕卑職已令趕先築成石壩以減水勢於大洛口土名蠶姑廟石棧路口各築堤壩一道又海舟堡之三丫基因上游太平沙阻碍激怒水勢頂冲南湖口堤身該處亦趕築堤壩一道均已飭令將麻陽船載石鑿沉攔截水底又南湖口之下土名下墟亦屬頂冲應需設壩現已飭令購備船隻俟運石一到儘先堆壘惟此四壩工最緊要首先趕辦築成之後則全圍基身似可無虞其次則修海舟隄身要工再有餘各工亦次第趕辦該首事等意見相同惟是冬春時令不同施工難易

迴別卑職自當隨時嚴催務期尅日蕆事仰副
憲臺保民若赤胞與爲懷至意至上年臘底工匠
人等多有回家度歲以致曠時現在已陸續催令
赴工并因隄身加高培厚原估遺漏舊基丈尺無
憑勘驗倘有蹺虛所關非小當責成首事何毓齡
等出具並無偷工减料甘結存卷所有勘過現修
已修工程合并繕備清摺呈候憲鑒示遵并據
另單禀稱查九江堡之吉水里外基一段濱臨大
河沙土浮鬆易於坍卸倘遇潦水盛漲一經冲决
非惟基內居民恐遭淹沒且逼近大隄亦有唇亡
齒寒之患現據該處紳耆聯名呈懇修築卑職覆

勘無異不敢以原估所無稍事拘泥致令一隅失
所應請於九江堡工段節省項下一律興修是否
有當合附稟陳緣由奉批據稟及另單所辦俱是
至該圍基係上年九月興工迄今已閱五月尚止
三分工程現值春令不日西潦漲發設有疏虞所
關非細仰東布政司嚴飭該縣上緊督率在工紳
士趁此西潦未發之前先將最要處所趕緊興築
其餘次要各工亦次第趕辦完竣以資捍衛該縣
係上年冬杪接印日期不爲不寬若夏間悞工不
能推諉勿謂一稟卽站脚也凜之切切仍候
撫部院衙門批示繳稟抄發另單同摺并發仍繳

等因又奉

總督兩廣部堂兼署廣東巡撫印務阮　批行同

事仰司奉此并據該縣具禀到司合就札飭備札

仰縣即便遵照奉批情節辦理立即嚴督在工紳

士查明險要處所分别次第上緊培築務於西潦

未發以前完竣并即押令石匠依限照數採運如

有停工待料一面嚴行提究慎毋貽悞致干未便

速速等因奉此查海舟堡大洛口隄緊築壩石及

緊要各工經本分府勘工時已逐一指示現在曾

否完竣抑工有幾成茲奉前因合并諭查諭到該

首事等即便遵照奉批情節辦理立即查明險要

處所分别次第上緊培築務於西潦未發以前完
竣并即催令石匠會名高依限照數運足應工仍
將現築情形及工程分數隨時禀核慎毋刻遲速
速特諭

會覆停運各由禀
敬禀者竊卑職金臺治晚生何毓齡叩辭後於十
九日下午到局伏查石船自三月十三日卑職在
局動身時起截至二十日共到二百一十三船恐
山塲業經發照陸續在途者尚多業於本日專函
飛致 尒守府即行停止再前奉
制憲面諭倣照河工之例擇緊要處所堆壘䜌石
以防未然日來
大老爺晋謁時想已細爲禀商是否遵照辦理抑
酌爲變通伏祈訓示遵行又
制憲諭令繪圖貼說一層現已札致各廠首事細

查丈尺以及土石各數尚須稍緩彙總繪呈並求
大老爺婉稟及之實所萬幸卑職即於明後日同
赴各廠嚴催各工陸續報竣合肅稟覆恭請
崇祺伏祈
慈鑒卑職顧金臺
治晚生毓齡謹稟

報明廠工告竣呈
爲廠工報竣先行稟覆仰紓錦注事竊毓等遵奉
辦理桑園圍基工一案經於上年十月初旬分派
首事前往七廠督辦詎石匠曾名高運石短少遲
玩悞工幸蒙
憲臺責令具限趕緊挽運計自二月以來石船始
源源接濟毓等協同各廠首事寔力趕辦復蒙
委員親爲催竣現查九江海舟鎮涌三廠土工均
已完好海旁結砌条石處所不過尚需粘補便可
蕆事其餘沙頭一廠添壘原壩石工先登廠添築
新買飛鵞坳地段土工九江滘心社砌用条石及

應填魚塘各工現亦速爲辦理會計本月二十內外土工與條石工程均可完工惟吉贊一廠河道淺窄拾運維艱全用條石工費甚大今該廠首事亦認眞趕築大約月底亦可一律告竣茲據雲津百滘簡村一廠報竣前來理合先行禀覆以慰錦念尚有各廠未竣工程毓等仍行迅速辦竣隨報隨禀不敢稽遲再查頂冲最險之海舟三了基九江之大洛口基鎮涌之禾义基今雖砌築石隄旁用蠻石惟水深陡險工鉅費繁必需多壘蠻石層遞加高方免傾卸毓等旣承委任惟有矢愼矢公斷不敢稍有疎虞以期鞏固已耳爲此禀赴

續報廠工告竣禀
敬禀者竊毓叩辭後於十九日回局經將石船號
數催辦基工各由隨同
顧委員禀覆諒邀
鈞鑒本月二十三二十四等日續據沙頭鎮涌河
清兩廠報竣前來理合先行轉報其九江海舟吉
贊先登四廠現已趕緊催竣俟報到日另行續禀
不敢遲緩以紓　錦注至十八日領回銀一萬兩
除現支外僅存銀一千兩餘應領之項懇爲籌備
俾得二十八日赴省領取合并禀明恭請
垈祺伏惟

桑園圍甲辰歲修志卷六

恩監治晚生何毓齡
潘澄江謹稟

續報大工全竣禀

爲基工全竣仰懇據情轉報事竊毓等桑園一圍

荷蒙

列憲恩准義紳捐銀一十萬兩築建石隄奉委

余刺史親臨查勘估議章程又奉　制憲大人面

諭以所估基段不能拘於一定當因地制宜隨機

酌辦着令毓等趕緊興修遵於上年九月內開局

辦事分派各首事前往各廠督修緣石匠曾名高

採運條巒各石短少悮工幸蒙

仁威勒拘具限得以源源挽運接應趕築計自設

局以來所有領收支發銀兩均經按月造報禀明

在案各廠基工前據雲津百滘簡村河清鎮涌沙
頭龍江三廠報竣外其先登海舟九江吉贊四廠
亦於本月十三十四等日告竣前來似此通圍七
廠土石各工均已遵諭趕修完好聽候　憲臺查
看驗收至前後收支總册已催各廠首事趕造報
局容俟彚造刋册禀請詳銷現當潦水將發之時
憲慮焦勞甚切茲幸全工獲竣理合禀明仰慰
錦念并懇據情轉報以免奉催寔爲　恩便爲此
禀赴
再禀者現奉　憲諭於潦水未到之時趕緊告竣
毋得遲緩茲各廠均已報明完工惟九江海舟兩

廠工程甚大尚需畧爲粘補大約二十二乃能藏
事今一體報竣以省煩瀆冒昧之咎乞求　原宥
何毓齡
潘澄江再禀

桑園圍捐修志 卷之六

會覆飛鵞山坳基責令先登堡附近村庄經管禀

潮陽縣峽山司廵檢顧金臺基務首事何毓齡謹

候補從九品李德潤 潘澄江

禀

大老爺鈞座敬禀者五月初七日接誦

鈞諭着令卑職等會同首事將李卿伍云云飭卽

會同首事將李卿伍所禀情節妥議禀覆等因奉

此卑職等遵卽會同首事何毓等查看得桑園圍

全隄分段管落歷辦章程責成該堡該鄉經理毋

得推卸致有貽悞惟吉贊橫基當築建時從田面

做起高一丈二三尺長三百一十餘丈昔人念其

各姓田業枕近基傍歲修取土不無傷業議遇修

葺免其派及仍責令撩漲時不時巡查倘有跡虞
傳鑼通圍各堡防護碑誌可考今飛鵞山迤東一
帶俱屬土崗其相連山坳過接處兩旁寬厚高亦
一丈有零向無土基此次義助通修蒙　余大老
爺佑價買受山坳地段培築着落附近之先登堡
各村庄經管不得以通圍公業推諉悞事詳明
列憲首事等即將該段山坳照址買受在崗背上
築建小隄除買價外共用去土工銀三十九兩零
今李卿伍等窺係義助銀兩公買公築混扯吉贊
橫基公修爲詞不思現在大修吉贊基計用銀數
千餘兩該基新築僅用銀三十餘兩工程形勢大

相懸殊李鄉伍等乃以將來歲修有限之工又欲
諉之通圍經管況各堡相離該山五六十里不等
鞭長莫及事屬顯然而該堡鷺埠石鄉相離二三
里餘鄉亦不過五六里責有難辭　余憲識見明
達洞悉情形着落附近村庄經管自屬至公至當
似應遵照詳定章程飭令遵守毋得推卸以昭平
允且與歷辦章程不致混亂緣奉飭查理合會同
據寔查議禀覆是否有當聽候
憲臺察核批示飭遵　卑職顧金臺等首事何毓齡
等謹禀

遵諭造繳總散各册圖摺禀

桑園圍首事何毓齡潘澄江謹禀

大老爺閣下敬禀者五月二十日接奉

鈞諭內開案照桑園圍基建築石隄一案先據該

首事等禀報全圍大工完竣業經通報在案惟查

該首事等逐月報銷各册其總散欵目並未分晰

碍難轉報當經諭飭另造去後日久未據造繳殊

屬延玩合亟專差嚴催諭到該首事等即便遵照

速將本案報銷數目造具總散各册一樣二本並

照繪呈

督憲圖形二份另預備

藩府二憲二份貼明基段土工若干丈尺石工若干丈尺鑾石若干并另列工程清摺四扣刻日一并禀繳

本縣以憑親詣查勘另請

大憲親臨勘驗毋再遲違等因奉此捧讀之下具見

憲臺慎重周詳殷勤教誨使毓等有所遵循免致錯謬深爲感佩遵即查照前後收支銀兩造具總散各册一樣各二本并圖形四紙註明各段土石各工清摺四扣備列土石丈尺數目照諭禀繳聽候

憲臺察核轉詳核寔驗收惟䲨等樗櫪庸才照工
部工程做法素不諳曉寔難照例開造倘各册揩
有不合之處伏乞查照改正俾免
憲駁寔爲　恩便恭請
壁祺何䲨齡潘澄江謹禀
計繳總散册各二本土石各段圖形四紙土石
各工清摺四扣

桑園圍捐修志　卷之十八

縣憲禁止瀆禀告示

爲曉諭事案照桑園圍修築基隄土石各工先據

該首事禀報完竣當即通報　各憲在案各堡耆

老多有赴縣以所修工程不敷原估之數懇飭補

修等情具禀前來均經備移督修委員查勘去後

兹准覆稱該圍基段所有用土石培築之處俱已

堅固似可無庸補修等由查原估之時本不能詳

盡應增應減均須隨時酌斟總期工程堅固並非

估長必須用盡未足不准加增爾等毋以一己私

見紛紛瀆禀徒滋案牘合就出示曉諭爲此示諭

各堡耆老業戸人等知悉爾等均即遵照不得再

以佑多用少瀆稟毋違特示

請示遵辦呈
具禀桑園圍首事何毓齡潘澄江
爲禀請批示遵辦事竊修築桑園圍石隄一案前
後共領捐項銀七萬五千兩告竣時共支去銀七
萬三千七百七十餘兩尚存銀一千二百二十餘
兩經將各數列册報明在案本年四月内毓等禀
謁
仁臺復蒙諭將所餘銀兩於單薄處所買石添補續
經以西潦在邇斯時落石恐潦水漲發難以施工
況工程告竣雖經兩載向未遇有大潦深慮洪流
暴漲冲刷異常所築條蠻各石妨有傾卸可否請

俟潦退之後再加察看如有坍卸一律粘補禀明
憲鑒茲當八月潦退正宜及早查察補修毓等七
月二十一日前往通圍逐段查看如九江之蠶姑
廟前沙頭之韋駄廟前鎮涌之禾义基石陂三丫
基之華光廟下各海邊蠻石均畧有坍卸惟三丫
基之賣布行基外海旁坦脚於七月十五日卸去
一丈六尺復於七月二十七日再行卸去二丈有
零現在坦脚壁立前壘護石概行傾卸九江沙頭
等處雖有粘補所費尚屬無幾該布行外則工費
浩繁現奉
大憲監建碑文圍圖各工又爲盧伍兩紳建立石

坊兩座所剩銀兩寔恐不敷毓等現計除碑圖牌
坊及五月二十八九日搶護三丫基禾义基九江威
靈廟等處經費外尚剩銀兩先將三丫基之賣布
行基外逗脚坍卸處所落石培固或酌於基內之
地加土用牛踹練堅寔次將九江沙頭等處再爲
培補是否有當聽候批示遵辦爲此禀赴
大老爺臺前察核施行

道光元年八月　　初七　　日禀

桑園圍總志　卷六

縣奉　督憲飭造碑文諭

借補南海縣正堂郎用分府吉　諭桑園圍首事何毓齡潘澄江知悉案照紳員伍元芝等捐築桑園圍石堤一案現奉　督憲飭發碑文一道仰即轉飭發刻等因奉此合諭轉發諭到該首事等即便遵照立將發來碑文一道查照高寬尺寸立即飭匠刋刻仍將刻竣日期趕印刷多張稟繳本縣察核轉呈均毋遲違速速

道光元年七月　二十三　日諭

桑園圍捐修志　卷十六

縣奉　督憲繪刊圍圖諭

借補南海縣正堂𠩄用分府吉　諭桑園圍首事

何毓齡潘澄江知悉案照紳員伍元芝等捐築石

堤一案現奉

督憲發下碑文一道飭令在於

海神廟門左右各設碑石一塊左邊刊刻碑文右

邊刊繪全圍圖形其碑石須寬長一式刊刻精良

再於

海神廟前或左右相當之地建立石牌坊兩座均

不必過於高大亦不必大加雕琢先行勘明擬定

式樣尺寸將坊心應刊之處量明寬長繳送以便

書寫匾額給發刋刻爲盧伍二商立坊
旌奬等因奉此合諭飭遵諭到該首事卽便隨同江浦
司遵照趕緊如式確估辦理并卽繪具詳細圖形
六套禀繳
本縣以便轉呈
大憲察核毋得遲悞速速特諭
道光元年七月 一十三 日諭

治晚生何毓齡潘澄江謹
稟
大老爺閣下敬稟者七月二十七日兩奉
鈞諭內開案照紳員伍元芝等捐築石堤一案現奉
督憲發下碑文一道飭令在於
海神廟門左右各設碑石一塊左邊刋刻碑文右
邊刋繪全圍圖形其碑石須寬長一式刋刻精良
再於
海神廟前或左右相當之地建立石牌坊兩座均
不必過於高大亦不必大加雕琢先行勘明擬定
式樣尺寸將坊心應刋字之處量明寬長繳送以

便書寫匾額給發刊刻爲盧伍二商立坊
旌獎等因奉此合諭飭遵諭到該首事卽便隨同江浦
司遵照趕緊如式確估辦理并卽繪具詳細圖形
六套稟繳
本縣以便轉呈
大憲察核毋得遲悞等因奉此毓等遵於八月初
三日隨同江浦司王臺前往
海神廟相度情形非有碍於居民則相離太遠惟
有廟旁襯祠之前附墻建立石坊兩座左右相配
大壯觀瞻且貼近墟塲衆目共覩似爲合式經繪
備圖形詳細註說一樣六套呈送　王臺稟繳

仁臺轉呈

大憲察核飭遵至廟前碑文圖圖現在省垣雇工

趕辦俟刊刻完竣當卽印刷呈繳合并稟明恭請

崇禧治晚生何毓齡潘澄江謹稟

道光元年八月　日稟

借補南海縣正堂即用分府吉　爲飭發遵照事
現奉
督憲批據本縣稟覆奉發碑文刊刻擬定圖形呈
繳緣由奉批據稟已悉仰將發回建坊圖形一紙
飭發照式建造仍俟碑文圍圖刊刻刷印通繳察
核備案並候
撫部院衙門批示繳等因批稟印發并發回建坊
圖形一紙到縣奉此合就諭飭諭到該首事等即
便遵照立將發回建坊圖形照式建造并將碑文
圍圖每樣刊刻刷印八張裱背完好繳赴
本縣以憑轉繳均毋遲違未便速速須諭

計發回建坊圖形一紙

道光元年八月　　二十八　　日諭

具稟桑園圍首事何毓齡潘澄江
爲呈繳碑文圍圖報明粘補日期仰祈垂鑒事竊
毓等遵奉辦理捐建石隄一案於大工告竣時除
支外尚存銀一千二百餘兩續經稟明俟本年潦
水退後再加查看將所餘銀一律粘補并奉
大憲飭令建坊竪碑等費均經於潦退後查估稟
請興修在案現在牌坊碑石俱已運齊興工毓等
於十月　日前往
河神廟設局督理趁此冬晴水涸之時并召募石
船挽運巒石於三丫基賣布行華光廟下及禾乂
基堋卸等處添補培築趕緊辦竣俾完七萬五千

兩之數以清首尾以慰
慈懷其碑文圍圖已雇匠印刷完好理合遵照前諭
裝裱一樣八張呈送聽候轉報至粘補各費請俟
完工日另行列册造報呈
核爲此禀赴
大老爺臺前　恩鑒施行
計繳碑文八張　圍圖八張
道光元年十月　日禀

具禀桑園圍首事何毓齡潘澄江
禀爲大工全竣存項支完繳戳報銷仰懇詳退事
竊毓等遵奉辦理桑園圍基工自嘉慶二十二年
前臺門諭令築復海舟堡三丫基決口幷將通圍
大修二十三年奉　仰前臺委辦務息歲修基段
均於告竣時備册詳請報銷二十四年又奉仍辦
盧伍兩紳義助築建石隄捐項計共領到義助銀
七萬五千兩共支去銀七萬三千七百七十七兩
六錢八分九厘除支外尚存剩銀一千二百二十
二兩三錢一分一厘亦經列册禀明復蒙
糧憲親臨核實驗工詳明　大憲所剩銀兩續經

毓等稟請俟本年潦退後再加察看酌爲粘補迨七月内察看三丫禾乂等基均畧有坍卸低陷并奉
制憲飭辦牌坊碑文圍圖等工俱已估明工料及粘補各費列摺請示與修各在案毓等遵即先將牌坊碑文各工趕緊刋辦隨於十月内趁冬晴水涸設局仍在河神廟將三丫禾乂等基粘補完好共用去存項銀一千一百九十八兩五錢八分二厘連前工竣報銷時逼共用去銀七萬四千九百七十六兩二錢七分一厘現存銀尾銀二十三兩七錢二分九厘是此案石隄捐築大工旣已全

竣所領七萬五千兩之項亦已支完理合將辦竣
緣由并前給戳記存支銀尾清摺禀繳　仁臺念
毓等歷辦五載學業久荒詳賜銷案俾得安心復
理舊業勉圖上進寔深戴德抑再有懇者九江外
圍華光廟上下坍卸兩段係在大工告竣之後事
分兩起今已將七萬五千捐項支銷完畢首尾已
清其外圍坍卸之處應如何設法修復自應該鄉
衿耆早日公舉首事禀請督修乃恃有官工又欲
推諉毓等接辦不思基圍舊章除吉贊橫基係公
修外其餘各堡基段遇有冲決坍卸責令該管基
戶自行經理今九江外圍觀望遲疑妄有希冀轉

瞬春潦漲發勢必累及內隄毓等奉辦基工不爲
不久況事分兩起該管自理奚能變亂舊章伏乞
嚴飭該堡紳耆責令外圍業戶迅速集議興修以
免推卸貽悮合併稟明爲此稟赴
大老爺臺前　恩鑒施行
計繳銀尾一包重二十三兩七錢二分九厘
戳記一個　存支清摺一扣

道光元年十一月　　日稟

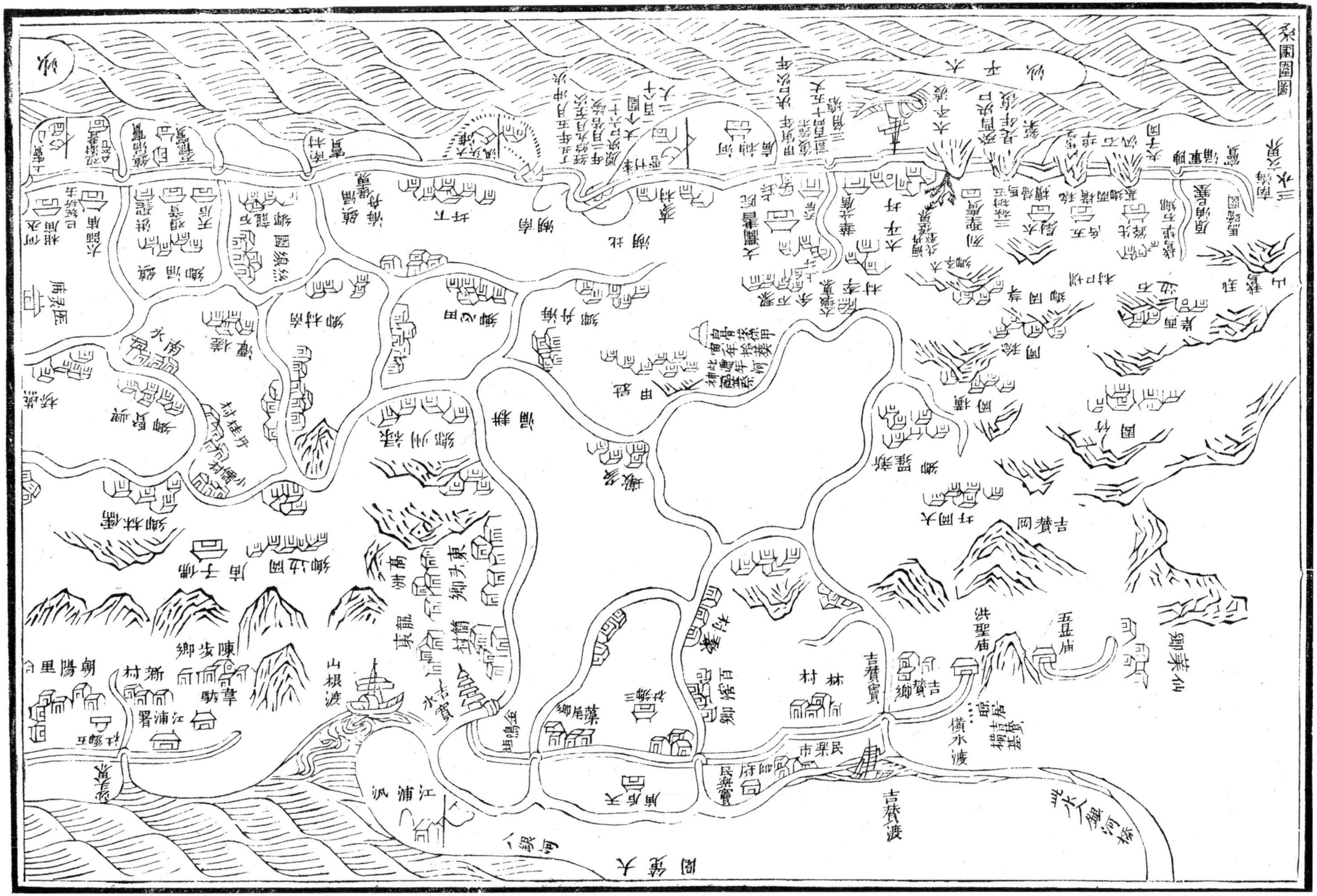
橫水渡
山根渡
民樂市

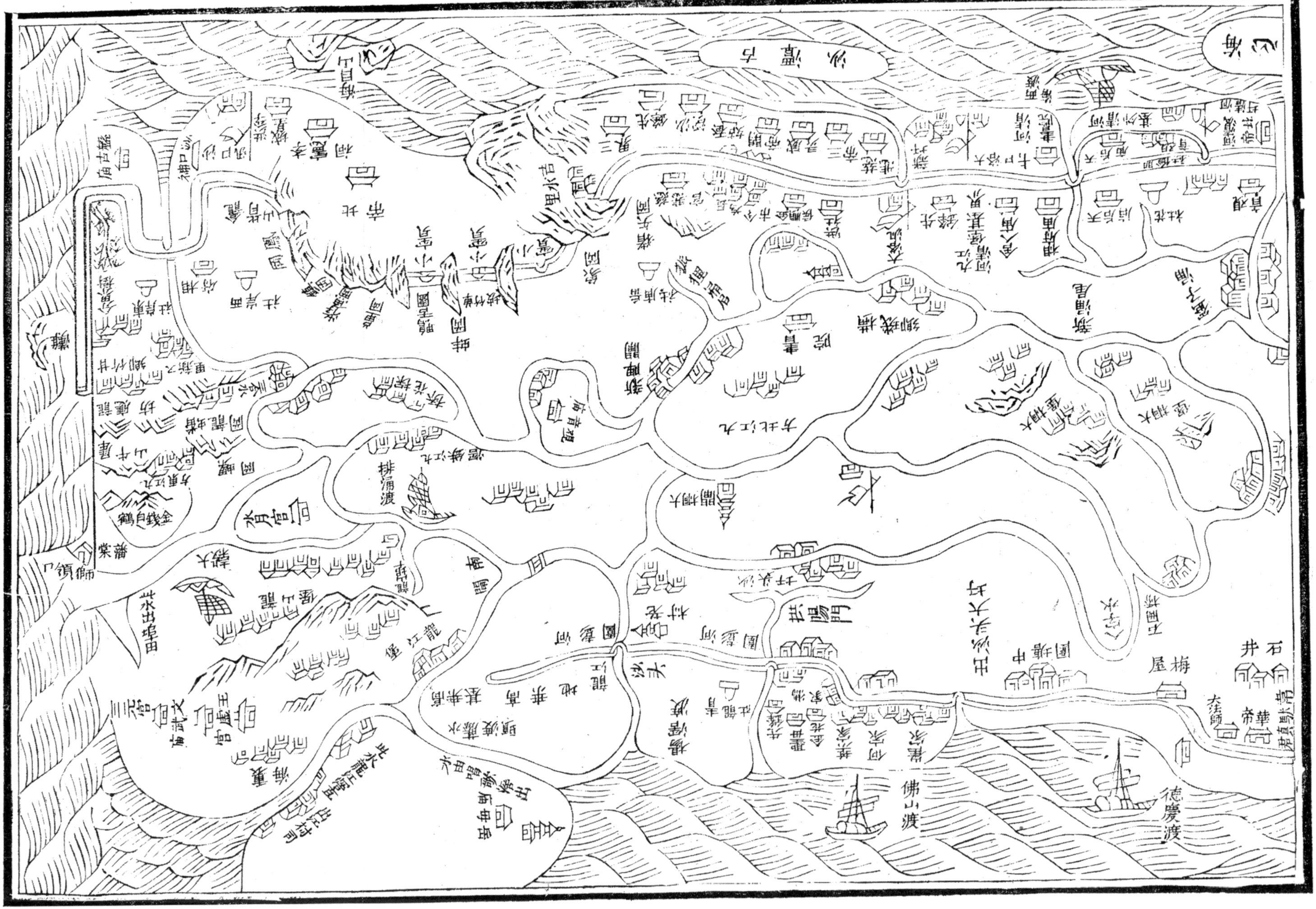

佛山渡
德慶渡
梅屋
石井

收支總畧

新收

嘉慶二十四年九月起至二十五年四月止共領

捐項柒萬伍千兩

開除

一支總局司友工脩火促應酬雜費共銀壹千叁

伯玖拾貳兩叁錢肆分壹厘

經理總局

一支先登廠土石工料雜費共銀肆千肆伯陸拾

兩零零五分

經理首事關文保

黎國英

一支海舟廠土石工料雜費共銀貳萬零玖伯肆拾兩零伍錢柒分柒厘

經理首事何在中 余用爵

一支鎮涌河清廠土石工料雜費共銀伍千捌伯貳拾玖兩零叁分

經理首事朱瑛 張宣榮

一支九江甘竹廠土石工料雜費共銀貳萬陸千陸伯零叁兩捌錢壹分陸厘

經理首事張鳴球 關翰宗 李兆森

一支吉贊橫基廠土石工料雜費共銀柒千叁伯叁拾柒兩捌錢陸分玖厘

經理首事馮　芳
潘贊祖

一支雲津百滘簡村厰土石工料雜費共銀叁千零柒拾壹兩貳錢捌分

經理首事老鳳倫
程士標

一支沙頭龍江厰土石工料雜費共銀貳千柒伯捌拾玖兩捌錢肆分捌厘

經理首事梁公章
黎漢清

一支金甌堡土工銀伍拾兩

經理首事陳裔龍

一支二十五年四月工竣報銷後自五月起十二月止粘補九江海舟鎮涌河清各堡土工及粘

補海舟賣布行温家路口三丫基南頭等處石
工并建醮酬　神出省造册工脩火促册金船
銀雜費共銀壹千叁伯零貳兩捌錢柒分捌厘
經理總局
一支道光元年五月至十月再行粘補九江威靈
廟海舟三丫等基土石各工及建坊竪碑繪圖
刻字搨刷碑圖工石各料雜費共銀壹千壹百
玖拾捌兩伍錢捌分貳厘
經理總局
通共計支銀柒萬肆千玖伯柒拾陸兩貳錢柒分
壹厘

除支外尙存銀貳拾叁兩柒錢貳分玖厘繳赴縣貯

桑園圍歲修志　卷之六

立永遠斷賣秧地契人三水縣鳳起鄉周元泰祖地一畛種子四升東柒丈壹尺西柒丈捌尺伍寸南柒尺柒寸北貳丈貳尺柒寸　周松岡祖地一畛種子肆斗伍升東捌丈西捌丈貳尺南壹丈伍尺北伍尺　周毓年地一畛種子捌斗東壹拾叁丈壹尺西壹拾肆丈伍尺南壹丈伍尺北捌尺緣鄉南田地毗連南海縣桑園圍該處有屋宅佛秃兩山相夾中連一土基計長貳拾餘丈原趾單薄每遇三邑潦漲水勢從此泛入桑園爲項門要害內外稅畝皆是三邑輸供今值桑園大修首事何毓齡潘澄江等聯合圍衆到請讓地以期永固毓

等桑梓情殷仰體

上憲救災恤鄰之義情願將前開地畝賣出培修稅屬零星難以過割不便另設寄庄花戶連津貼永遠生息納糧及地價三坵共銀柒拾伍圓重伍拾肆兩自賣之後聽買主挑築高厚遞年每遇培修該基任從桑園圍衆在附近取土不得攔阻開有三邑圍被冲决亦毋得將該基鋤毀洩水病鄰糧差在生息銀代納永無過問倘有來歷不明係賣主同中理明不干買主之事屬在土田犬牙相錯永敦世好後無異言今欲有憑爰立賣契交執爲照

計開各四至列

周元泰祖地　東至墈下田毓成　北至路
南至墈價銀壹拾捌圓
周松岡祖地　東至毓年　西至路　南至
祥大　北至路價銀貳拾叁圓
周毓年地　東至下墈　西至松岡祖　南
至巳　北至路價銀叁拾肆圓
至上手契年遠日久所有搜出日後視爲
故帋
嘉慶貳拾伍年二月二十一日周毓年 文年 瑞大 禧年 䚐超代筆
中人李弼垣 李茂元

桑園圍癸巳歲修志目錄

畬戶

祠廟

桑園圍癸巳歲修志

奏稿 內補載道光己丑伍紳捐修奏稿

案浙江海塘地跨杭紹甯嘉溫台六府其一百餘里之土備塘一萬四千餘丈之魚鱗大石塘爲千古未有之鉅工修隄防者特設專官凡遇鉅工恪稟

廟謨指授其志錄皆奉

敕編纂卷首專門恭錄

聖諭絜綱維也若我桑園圍基地跨數百里內基一萬二千七百二十三丈四尺五寸照乾隆甲寅清丈計自嘉慶丁丑三丫基決彎築新基一百八十二丈道光癸巳三丫基決彎築新基五百丈約溢基六百丈

外基二千零四十九丈一尺通計基一萬四千
七百七十二丈五尺五寸載稅一千八百四十
二頃有奇龍津堡六鄉順德縣龍山龍江甘竹三堡未計入內在粵東圍
基工程最鉅而在天下則小無勞
聖天子神算惟自雍正五年　總督孔公毓珣奏廣州
府民間圍基專責廣南韶道不時親詣工所督
率董理乾隆元年　總督鄂公彌達請以鹽羨
生息銀兩爲修圍基之用桑園圍基於廣屬最
大用此屢壓　大憲俯念嘉慶二十二年　端
揆官保前總督阮公　前撫院陳公若霖奏請
撥藩庫糧庫貯項銀八萬兩交南海順德兩縣

當商生息為桑園圍基歲修及通省圍基修築
之費則嘉謨入
告專賴　大憲惠愛災黎稠恩渥澤爰特編奏稿冠全
書之首而欽奉
聖旨俞允照
批准奏摺年月恭錄俾闔圍士民凜然懔然知民隱上
達得沐
聖主鴻施皆　賢公卿之力也
原志備載甲寅丁丑庚辰各志奏稿茲不重錄
道光十年十一月兩廣總督部堂李片奏
再道光九年五月間廣東省西北兩江潦水陡漲廣州

府各屬沿河圍基多被沖潰南海縣屬之桑園圍三水縣屬之蜆塘圍坍裂尤甚當經臣會同前撫臣盧　派令陞任督糧道夏　督率委員候補知縣楊硋柱等實力趕修培築完固並經南海縣廪貢生伍元薇先捐銀二萬兩以爲該兩圍冬間改建石隄工費業於

奏請緩征案內將捐修委辦等情俟工竣另行具

奏在案嗣因桑園圍之上游坡子角潰口處所工段寛長採石較遠且堵而復潰用費浩繁該廪貢生復捐銀一萬三千兩俾得添工補砌於本年四月報竣經臣親往履勘修築堅穩歷過五六七八等月西江大汎毫無矬塌一律完整各圍內秋收豐足倍勝尋常從此萬戶

田廬可資捍禦所有委令督修各員夙夜在工歷時甚
久不辭勞瘁實屬勉力從公內有候補知縣楊祗桂候
補未入流吳崇增尤為認眞出力可否將二員各歸本
班儘先補用出自
天恩又綏猺廳教諭梁元本無地方之責因係三水原
籍熟悉水道情形委令督率鄉夫加緊修築俾臻堅厚
亦屬奮勉應請
勅部議敘其餘在工出力各員由臣查明分別記功獎
賞至該廩生伍元薇雖籍隸南海並非居住桑園圍內
乃慷慨出資先後共捐銀三萬三千兩以成要工殊屬
情殷桑梓好義可嘉查嘉慶十八年直隸南宮縣廩生

齊如驤因地方荒歉捐賚賑銀一萬二千兩奏奉
諭旨賞給舉人一體會試道光八年福建莆田縣監生
鄭道立捐輸木蘭陂水利銀兩奏奉
上諭賞給副榜各在案茲伍元薇以肄業儒生不惜重
貲保存鄉里應否量予獎勵恭候
恩施謹附片陳　奏伏乞
聖鑒謹　奏十二月初九日奉
上諭李　奏查明捐修隄工並督修出力人員請予鼓
勵等語廣東廣州府屬之桑園圍蜆塘兩圍前因江水陡
漲多致潰塌經南海縣稟貢生伍元薇先後捐銀三萬
三千兩改建石隄修築堅穩候補知縣楊砥柱等在工

督修俱尚爲奮勉自應量加恩施廣東候補知縣楊砥柱候補未入流吳崇墫俱着各歸本班儘先補用綏猺廳教諭梁元着交部議敘廩貢生伍元薇著賞給舉人准其一體會試以示獎勵欽此

道光十四年三月二十日　太子少保兩廣總督臣盧

奏爲查明南海順德二縣桑園圍基業戶先後借項修築圍基銀兩請將歲修本欵分别扣抵攤徵以抒民力仰祈

聖鑒事竊照廣東南海縣屬毗連順德縣界之桑園圍地週圍四百餘里居民數十萬户田地一千數百餘頃種桑飼蠶爲農桑奥區圍基長九千五百餘丈圍外東

西兩江環繞又有廣西左右諸江之水並滙而來合流入海每遇夏潦暴漲西水建瓴而下宣洩不及圍基即被沖損民田廬墓盡皆淹沒經前督臣阮元前撫臣陳若霖於嘉慶二十二年奏准設立歲修在藩糧二庫各借動銀四萬兩共銀八萬兩交南海順德兩縣當商按月一分生息每年得息銀九千六百兩以五千兩歸還原借本銀以四千六百兩爲該圍歲修之費迨嘉慶二十四年據該縣紳士伍元蘭等捐銀十萬兩將該圍基改建石工歲修銀兩無需動用將此項息銀歸入籌備隄岸項下歷年間爲南海三水等縣借動別圍修費事竣分年徵還南海業戶道光九年分尚有未經徵還銀

四千一百一十兩由藩司按年造報咨部在案是桑園圍修費本有專欵雖改建石工以來未經動用而每年息銀本欵仍存司庫道光十三年夏秋西北兩江非常異漲致將圍基沖決工鉅費繁一年兩遭水患民情倍形拮据圍基決口沖成深潭巨浸經該圍紳士等先後籲請借動庫項銀四萬六千八百八十四兩八錢八分三釐現又續借銀三千兩一律加培堅實查前此該圍借欵同此外南海三水等縣別圍借修銀兩業經臣

奏蒙

恩旨借修圍基現在動支同嗣後續借銀兩及南海縣未完道光九年分銀四千一百一十兩著於道光十四

年起分限五年免息徵還以紓民力欽此其有上年被水各屬應徵民屯銀米亦經　奏准一律展緩自道光十四年秋收起分作二年帶徵仰蒙

聖恩優渥臣飭司刊刷謄黃徧行曉諭百姓莫不歡頌

皇仁惟查桑園圍借修圍基銀兩因工程浩大關係四百餘里全圍民田廬舍借數較他圍獨鉅該圍於十四年秋後既有應繳緩徵銀米又須按畝攤派借支修費同時並徵實恐力有未逮查該圍於上年六月內借領歲修生息本款銀一萬二千兩除用去銀六千八百八十四兩八錢八分三釐餘因盛漲停工仍將用存銀五千一百一十五兩一錢一分七釐繳還司庫嗣於十一

月内據該圍紳士李應揚等借領銀二萬兩修塞決口
内於歲修生息本欵内動支銀七千四百八十五兩又
在籌備隄岸項内支銀二千三百六十兩米耗盈餘項
下支銀一萬一百五十五兩經藩司發給南海縣轉給
該圍紳士領辦又本年正月内因春汛卽届據承修紳
士再請續發銀二萬兩以應要工據該司呈報亦在司
庫米耗盈餘内如數動撥今於三月又借銀三千兩在
生息本欵内動支銀一千九百兩備修士壑水柵項内
借支銀一千一百兩以上桑園圍共先後借領銀四萬
九千八百八十四兩八錢八分三釐内一萬六千二百
六十九兩八分三釐係動支該圍歲修本欵息銀自應

就欵開銷毋庸再行歸還其餘三萬三千六百十五兩係在隄岸籌備及米耗盈餘土墪水柵等欵内動支應行還欵若俱請在於應得歲修息銀四千六百兩數内扣收計須七年方能清欵有逾原奏五年之限今請將前項借欵以二萬三千兩在於桑園圍每年應得歲修銀四千六百兩按年儘數扣收還欵免其攤派尚欠銀一萬零六百十五兩欽遵
諭旨自十四年起分限五年歸該圍按糧攤徵每年徵解銀二千一百二十三兩如此半歸歲息扣收半歸攤徵還項均仍不出五年之限在借欵可以全清而通圍攤徵爲數較減易於完繳闔圍萬姓普沾

恩澤頂感
聖主深仁益靡旣極臣爲展舒民力起見是否有當謹
恭摺具奏請
旨伏乞
皇上聖鑒訓示再撫篆係臣兼署毋庸會銜合併陳明
謹
奏

桑園圍歲修志　卷之七

圖說

案繪圖為地志切要之務故名曰圖經況言水利隄防無圖以指畫險易不特賢宦涖茲土者罔恤民瘼譚之茫然即生長圍基內士民未身履其地尚多揣臆故自元王氏喜撰治河圖畧一卷首列六圖圖末各系以說後之江海河防諸書咸倣之桑園圍甲寅丁丑志並有繪圖但有總圖而無分圖且第注其地名界至而頂衝首險次衝次險基段未之詳並未注說於後今繪總圖以綜全局其有基段十一堡各分繪一圖皆注說以析其長短險易庶展卷了了心目於歲修搶塞工程培土負薪楗石釘樁動中要害策不妄施次圖說

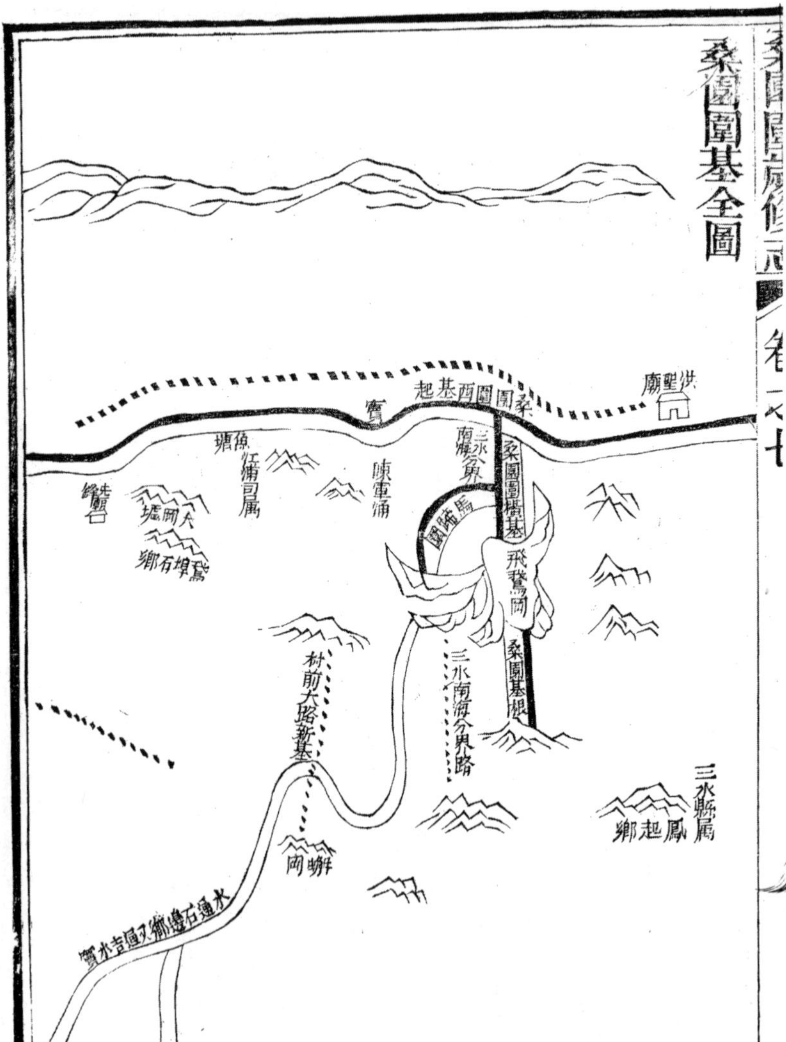

桑園圍基全圖
洪聖廟
桑園西基起
竇
魚塘
江浦司屬
陳軍涌
三水南海分界
桑園圍橫基
馬踏圍
飛鵞岡
桑園基脚
三水南海分界路
村前大路新基
先鋒台
大岡墟
鵞埠石鄉
三水縣屬
鳳起鄉
獅岡
水通石邊鄉又通吉水竇

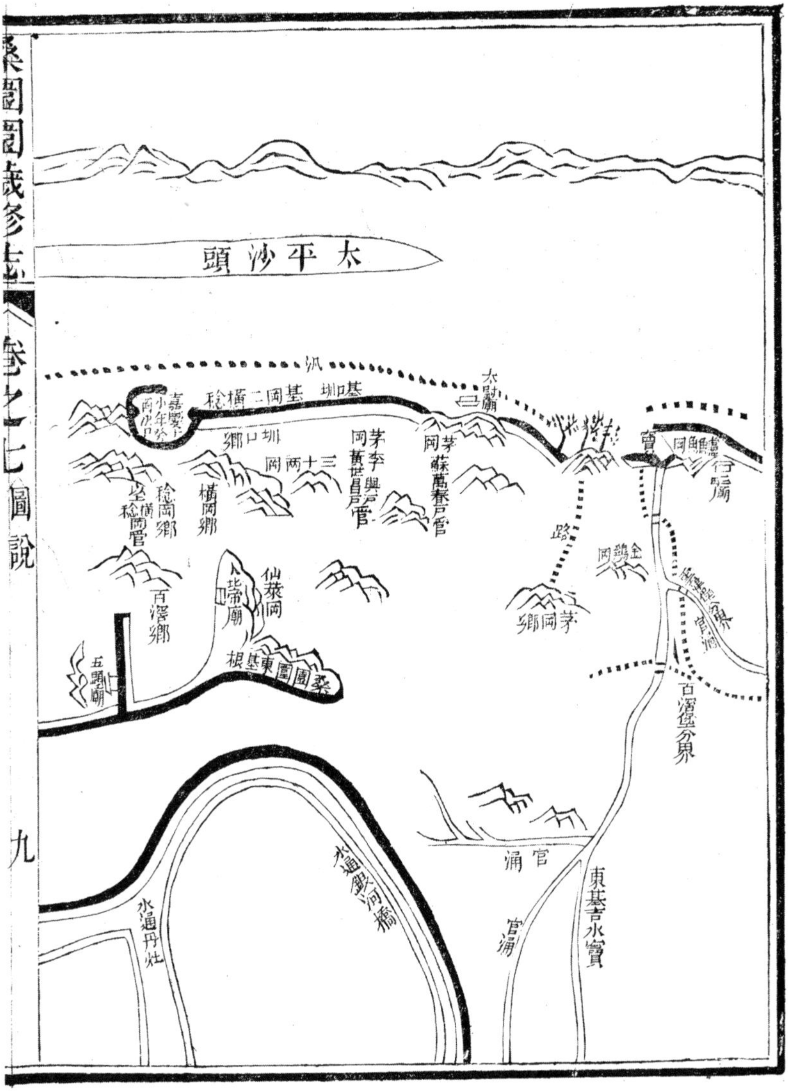
太平沙頭
汎
基圳
基岡二橫稔
圳口鄉
三十兩岡
太尉廟
稔岡鄉
橫岡鄉
仙萊岡
北帝廟
百滘鄉
五顯廟
桑園圍東基根
路
茅岡鄉
百滘堡分界
官涌
水通鐵河橋
水通丹灶
東基吉水竇

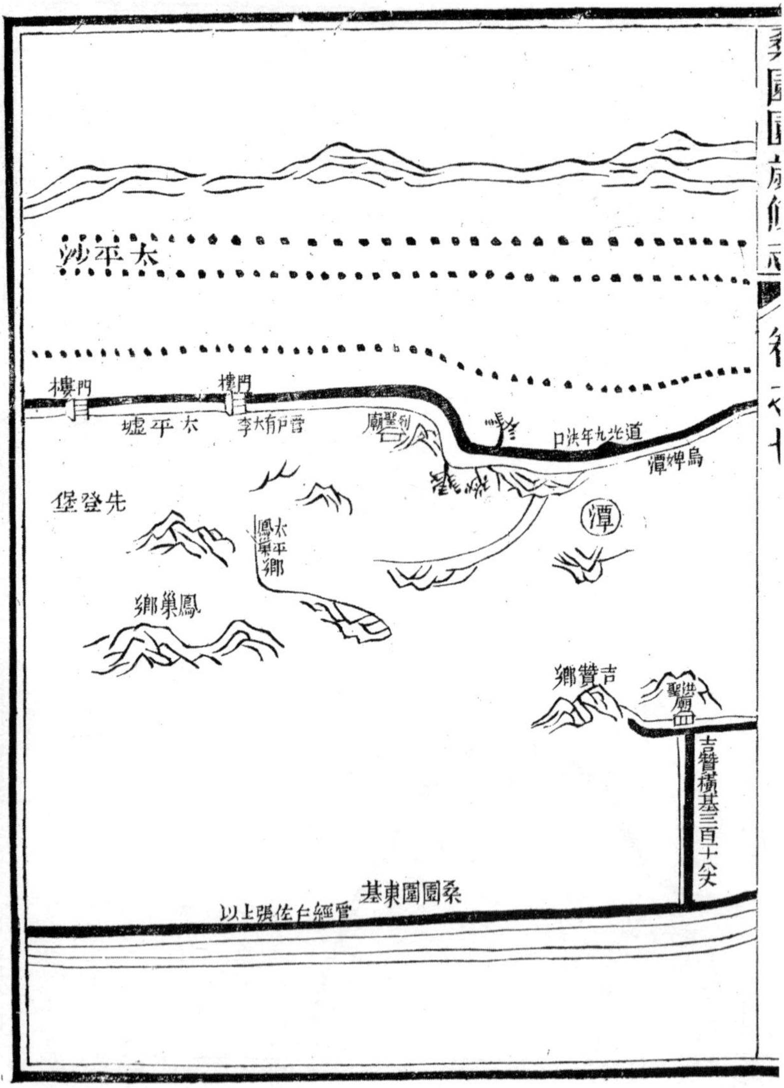
太平沙
門樓
門樓
太平墟
李大有戶管
列聖廟
道光九年決口
烏婢潭
潭
先登堡
太平鳳巢鄉
鳳巢鄉
吉贊鄉
洪聖廟
吉贊横基三百十八丈
桑園圍東基
以上張佐台經管

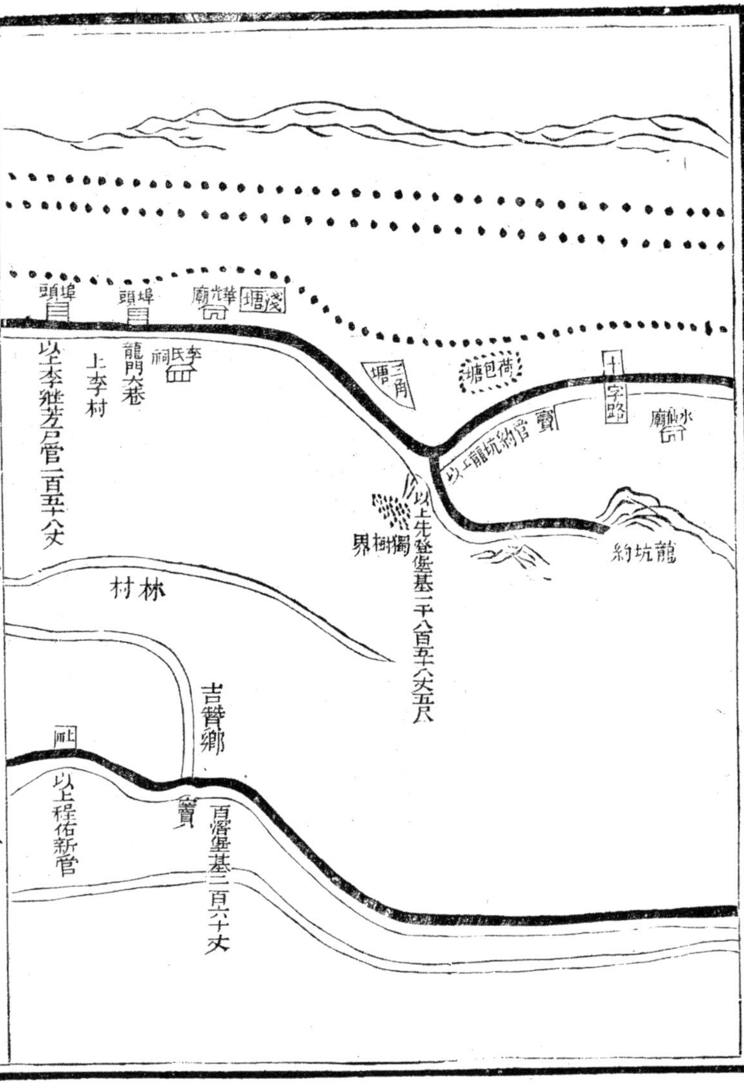
埠頭
埠頭
華光廟
淺塘
李氏祠
龍門六巷
上李村
以上李維芳戶管一百五十八丈
三角塘
荷包塘
十字路
水仙廟
竇
以上龍坑約管
獨樹界
以上先登堡基一千八百五十八丈五尺
龍坑約
林村
吉贊鄉
社
以上程佑新管
竇
百滘堡基三百六十丈

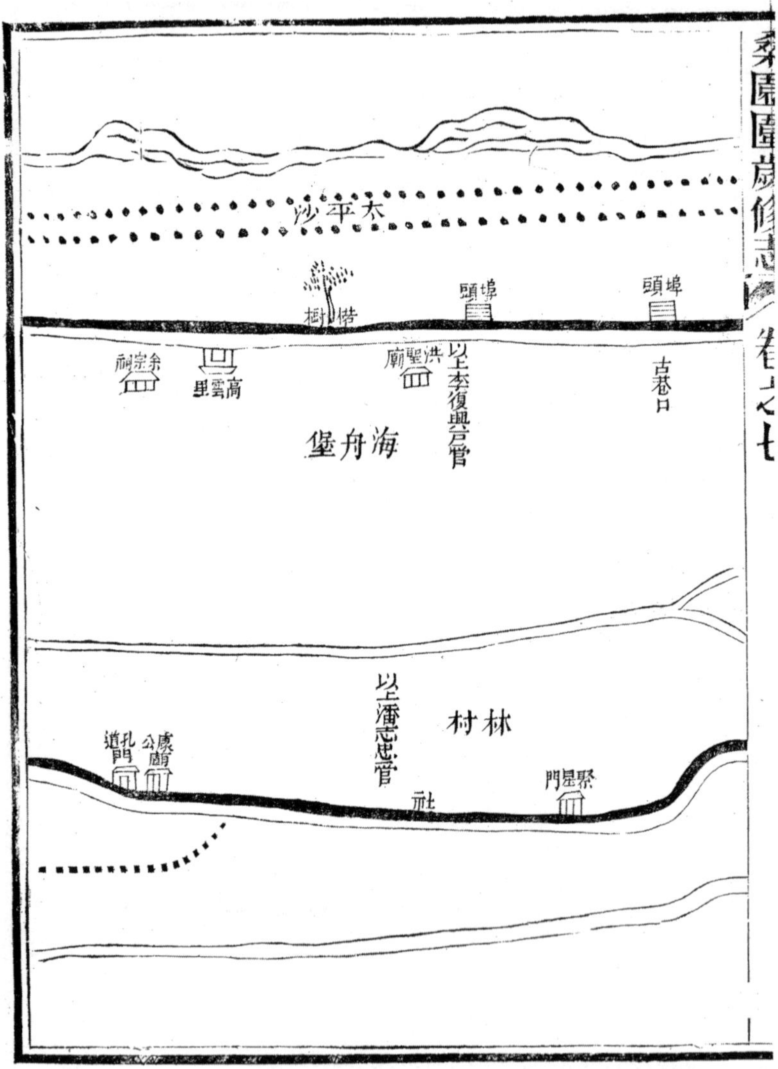

桑園圍歲修志
卷七
太平沙
埠頭
埠頭
桔樹
余宗祠
高雲里
洪聖廟
以上李復興管
古巷口
海舟堡
林村
以上潘志忠管
孔道門
康公廟
社
聚星門

桑園圍總志 卷之七 說圖 十一

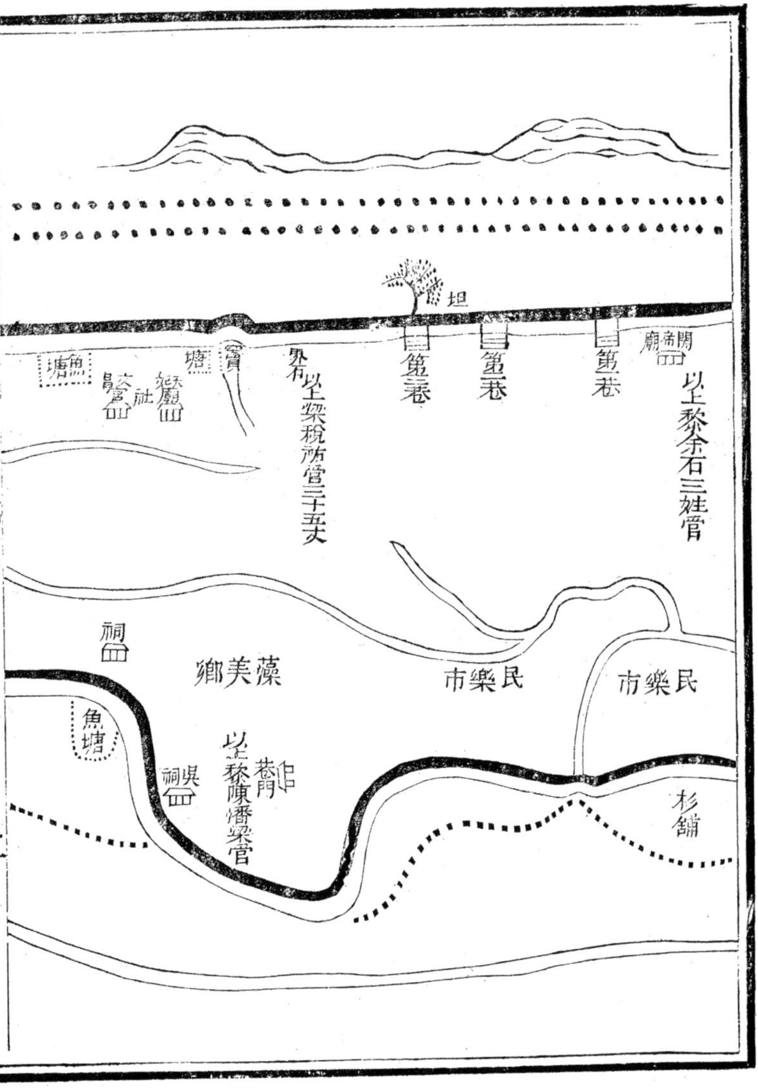

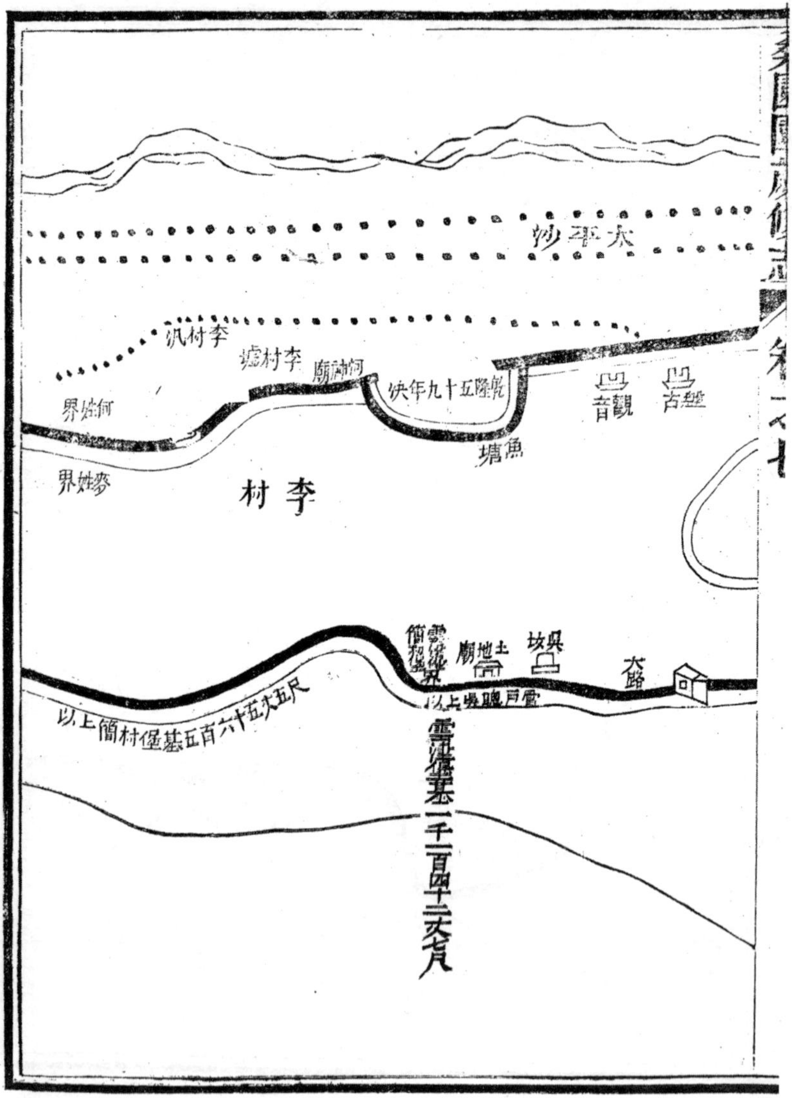

太平沙
李村汎
李村墟
河神廟
乾隆五十九年決
觀音
盤古
何姓界
麥姓界
魚塘
李村
雲津堡
簡村堡界
土地廟
大路
以上簡村堡基五百六十五丈五尺
雲津堡基一千二百四十二丈七尺

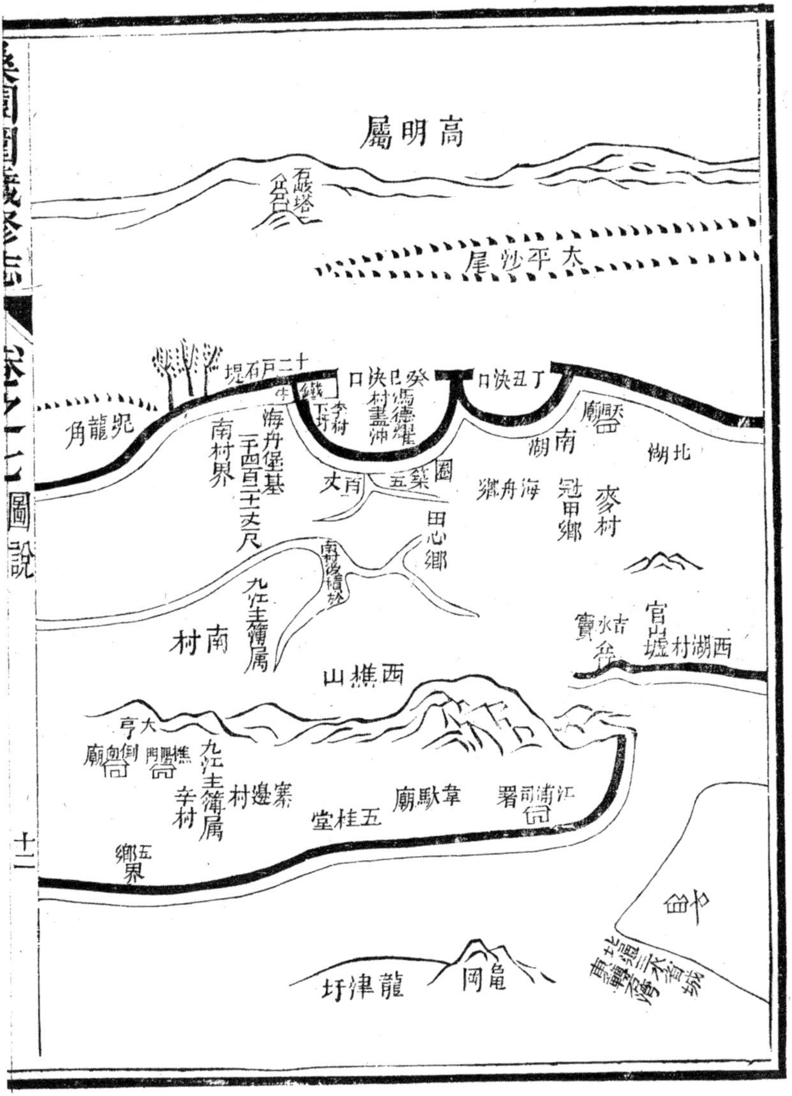
桑園圍歲修志　卷之三　圖說
十二
高明屬
石峽塔
太平沙尾
十二戶石堤
兜龍角
南村界
海舟堡基
丁丑決口
南湖
北湖
海舟鄉
冠甲鄉
麥村
田心鄉
南村
九江主簿屬
西樵山
古水竇
官山墟
西湖村
大亭
寨邊村
辛村
五桂堂
韋馱廟
江浦司署
五鄉界
龍津圩
龜岡

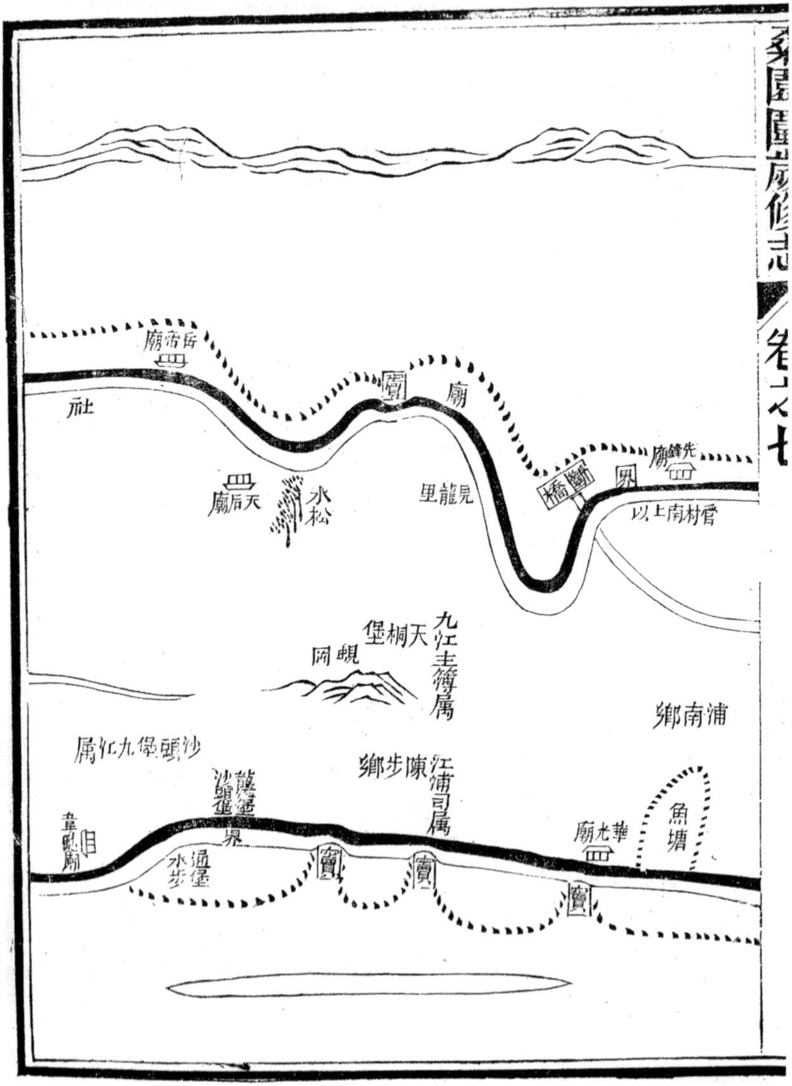
桑園圍歲修志
卷七
岳帝廟
社
廟
先鋒廟
斷橋
界
天后廟
松水
見龍里
以上南村管
九江主簿屬
天桐堡
峴岡
浦南鄉
沙頭堡九江屬
江浦司屬
陳步鄉
華光廟
魚塘

桑園圍歲修志　卷之七　圖說

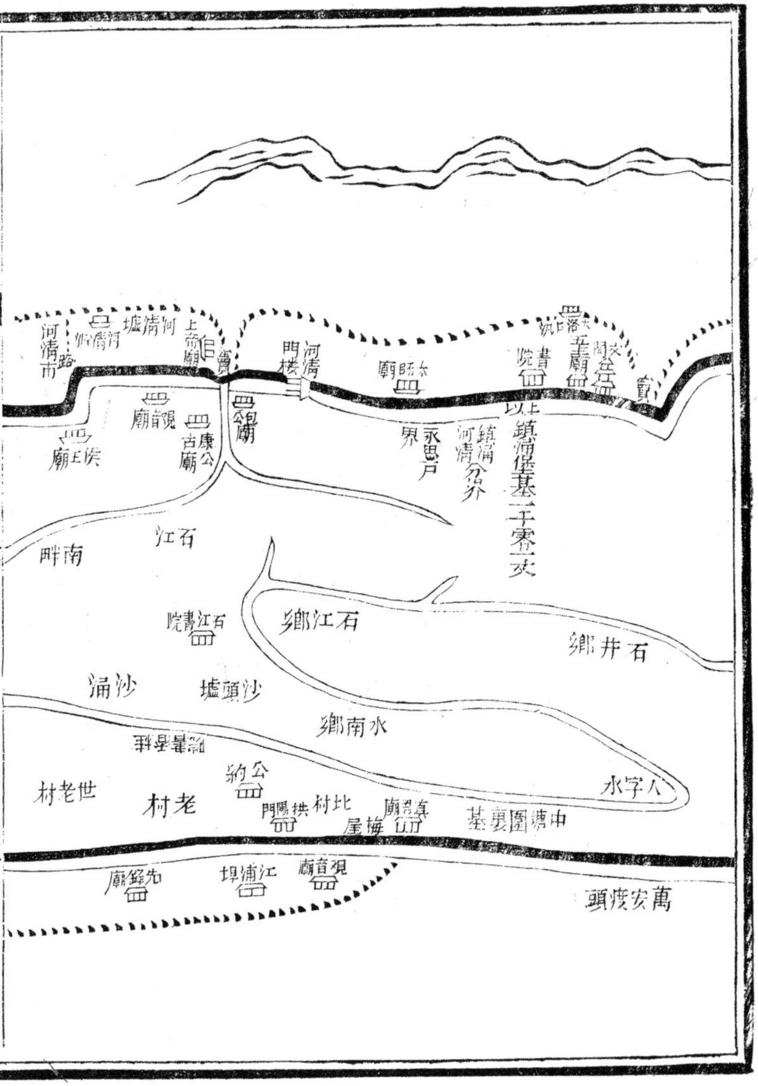

十三

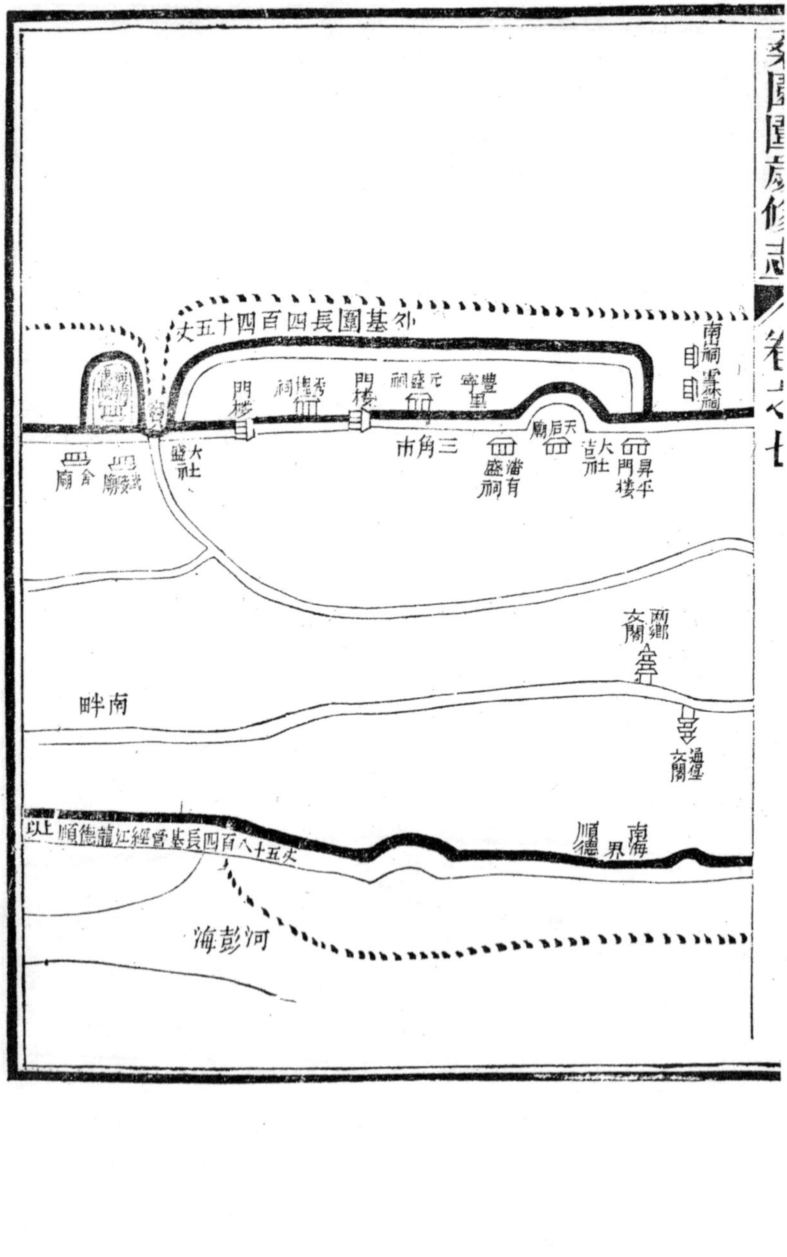
桑園圍歲修志
卷十七
外基圍長四百四十五丈
門樓
元盛祠
門樓
天后廟
三角市
潘有盛祠
昇平門樓
大社
南畔
以上順德龍江經管基長四百八十五丈
南海
順德
界
河彭海

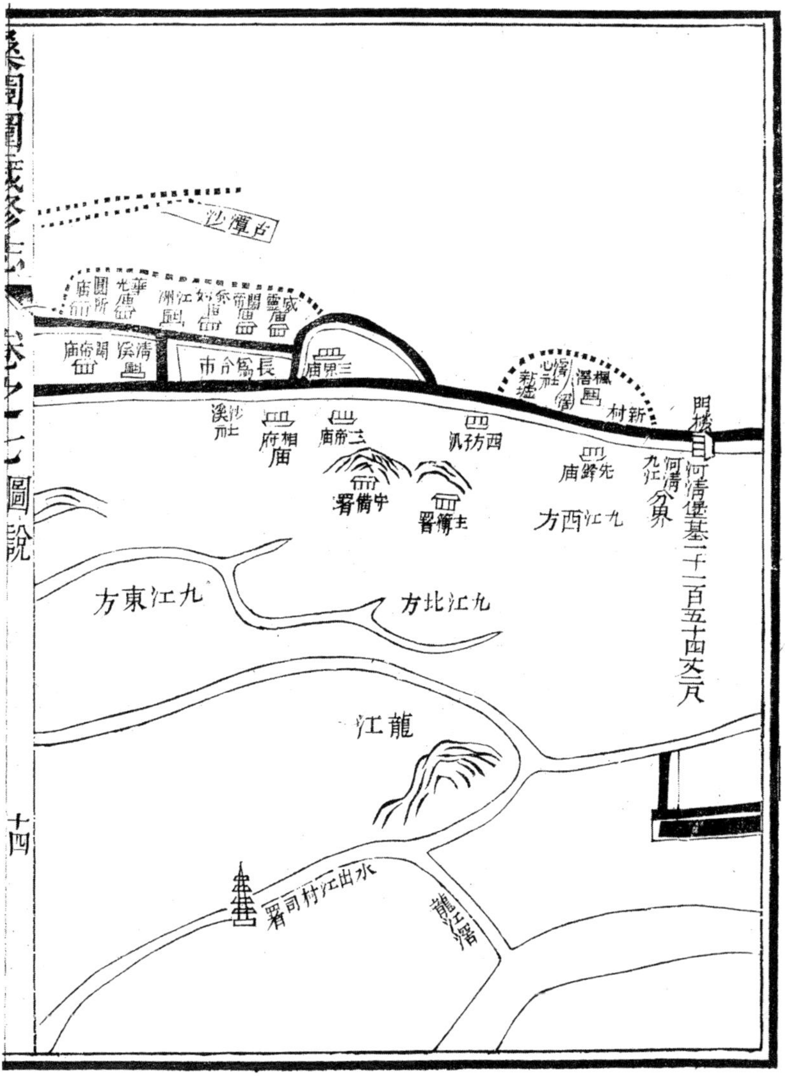
桑園圍總志卷之十二
圖說
十四
古壇沙
威靈廟
江洲
三界廟
清溪
沙溪社
相府廟
三帝廟
西方汛
楓潛園
新村
門樓
先鋒廟
河清九江分界
河清堡基二千二百五十四丈二尺
守備署
主簿署
九江西方
九江東方
九江北方
龍江
龍江滘

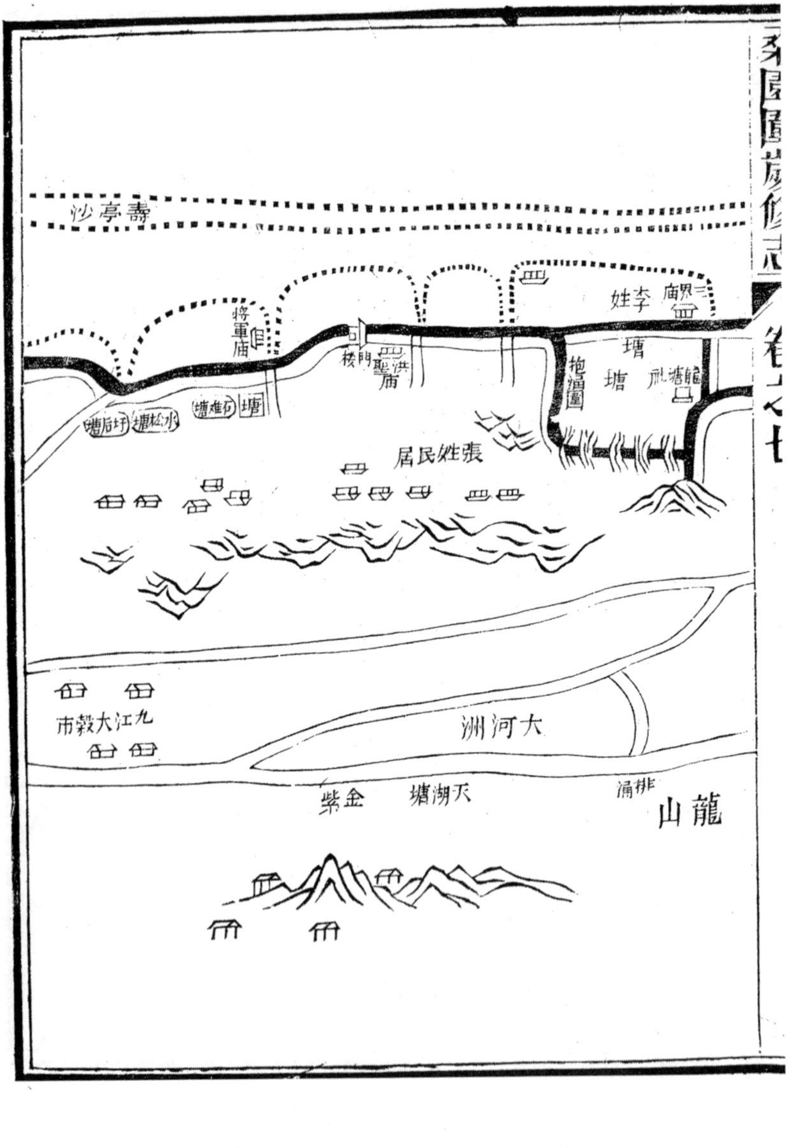
壽亭沙
李姓
三界廟
將軍廟
門樓
洪聖廟
塘
抱溜圍
塘
龍津社
水松塘
圩后塘
張姓民居
九江大穀市
大河洲
天湖塘
金紫
排涌
龍山

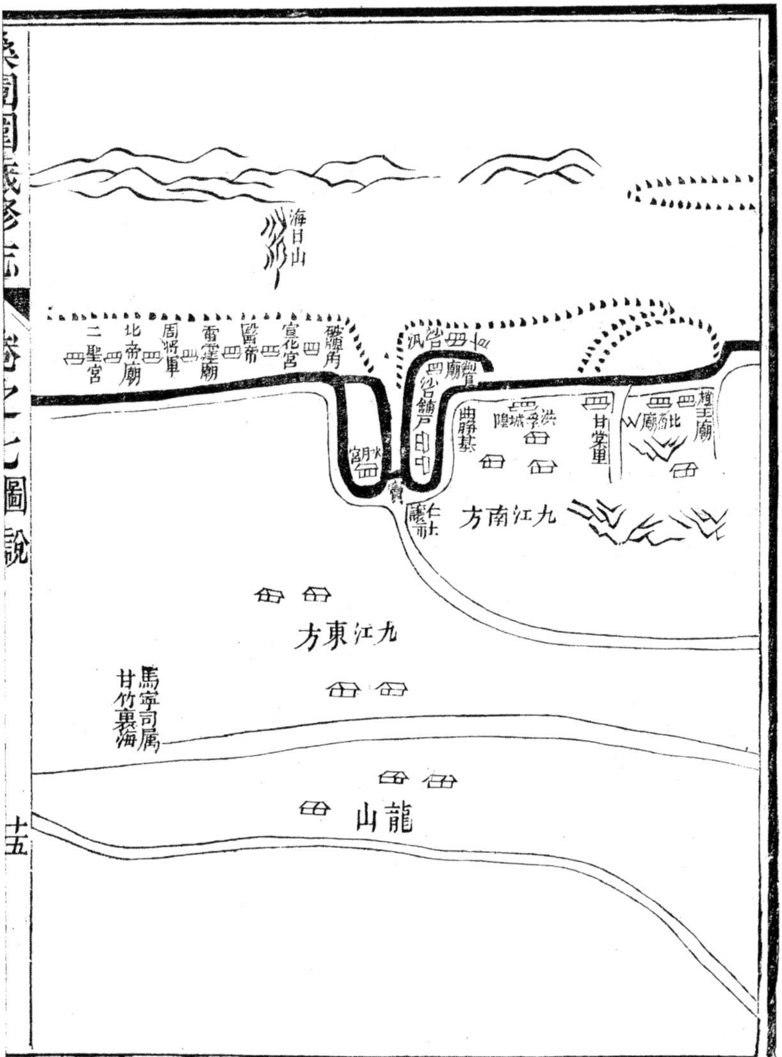
卷之七 圖說
十五
海日山
二聖宮
北帝廟
周將軍
雷霆廟
宣花宮
水月宮
舖戶
洪聖
城隍
甘棠里
北帝廟
九江南方
九江東方
馬寧司屬
甘竹裏海
龍山

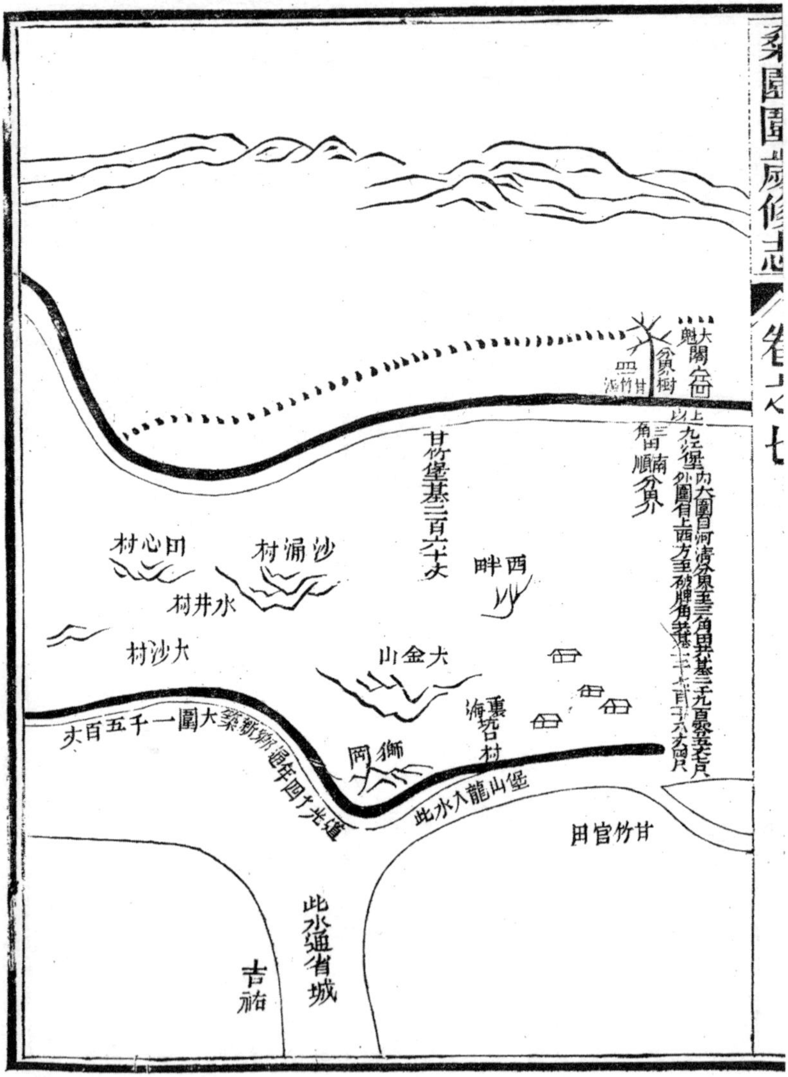
桑園圍歲修志
卷十七
大魁閣
分界樹
甘竹四海
以上
三角田順南分界
九江堡內大圍自河清分界至三角田共基三千九百零五丈五尺
外圍自上西方至破牌角共基三千七百二十六丈四尺
甘竹堡基二百六十丈
田心村
沙涌村
水井村
西畔
大沙村
大金山
海裏沓村
獅岡
道光十四年過鄉新築大圍一千五百丈
此水入龍山堡
甘竹官田
此水通省城
吉祐

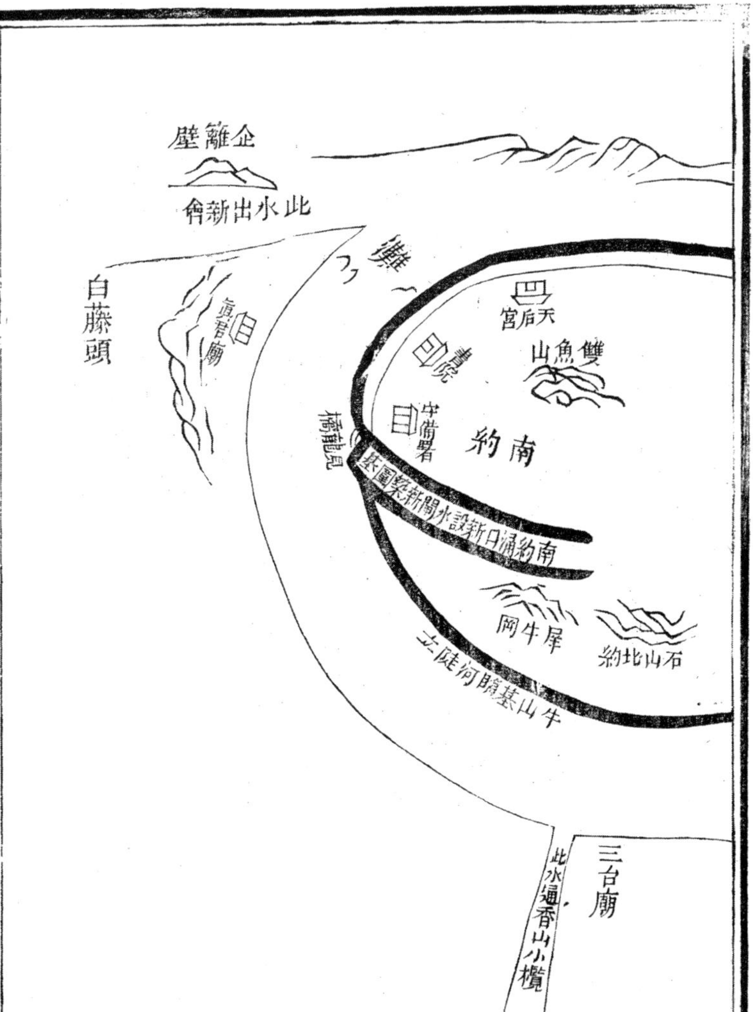
企籬壁
此水出新會
白藤頭
灘
真君廟
天后宮
書院
雙魚山
守備署
南約
見龍橋
南約涌口新設水閘新築圍基
犀牛岡
石山北約
牛山基腳河底土
三台廟
此水通香山小欖

桑園圍周百數十里居其中者十四堡西圍自三水飛鵞山起至甘竹牛山交界止東圍自吉贊晾罟墩起至龍江河澎圍尾止雖東西各當一面然一有沖決則全圍皆受其害是東西兩圍實合而爲一也圍內綺交基布百族安集民惟潦漲是懼查全隄以西圍之三丫禾义大洛口等基爲極險而東圍之韋馱廟眞君廟奕之中間舊有倒流港爲九江兩龍下流之患經陳東山先生塡塞自是但有外侮而無內憂當五六月西北兩江潦水漲發怒濤湍激大爲隄害若不合力并心時加整理嗷嗷萬姓靡有甯居矣據丁丑桑園圍志修

桑園圍自乾隆甲寅來歷嘉慶癸酉丁丑道光己丑癸

巳甲午衝決者凡六決後修築必加高培厚然終不能
謹衣袽撥其所自歲修未盡人得而知之而西基江心
太平古潭龜貝三沙突起互先登海舟鎮涌九江四堡
河清外坦積淤曲障江澼東基江心羅村沙爲沙頭圍
基不利與太平等沙埒以桑園圍居西北江之下游地
綿百餘里圍基萬餘丈圍内居民恃爲保障而東西江
心浮沙淤坦激水射基無有窮期茍有於沙中開窰戶
樹椿壓築石塡歲修雖勤恐終不可恃矣

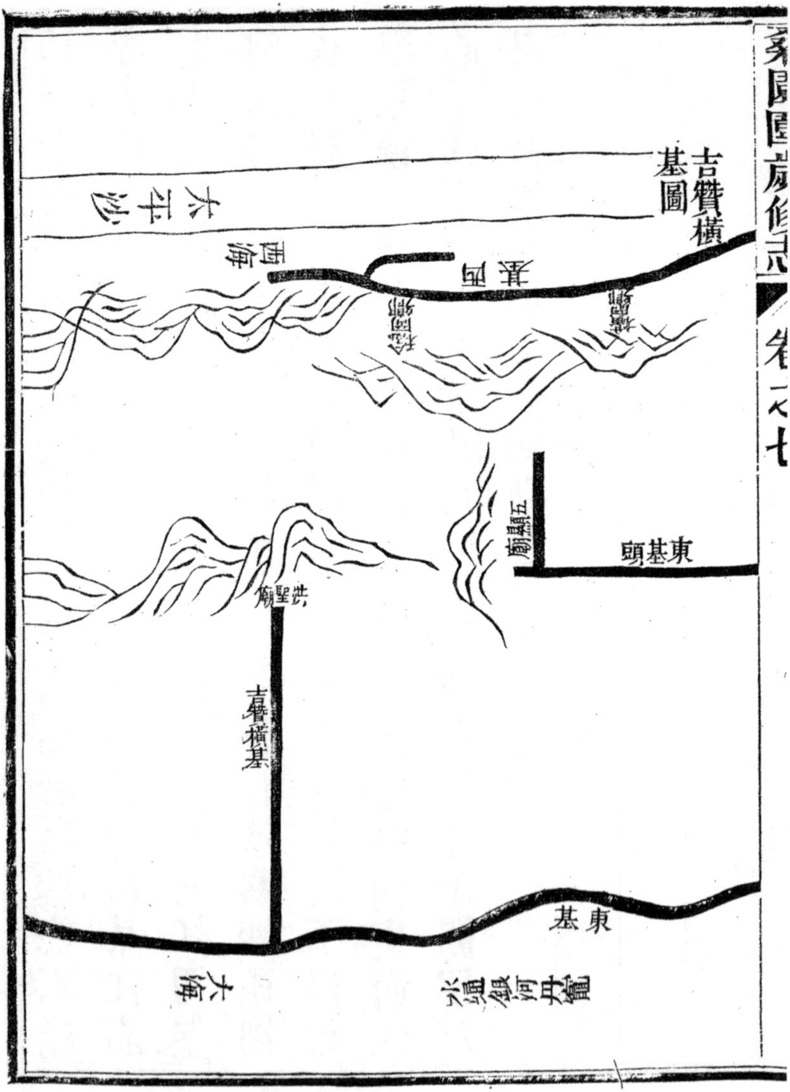
吉贊橫基圖
太平沙
西海
西基
五顯廟
東基頭
洪聖廟
吉贊橫基
東基
大海

桑園圍歲修志 卷之七 圖說 十八

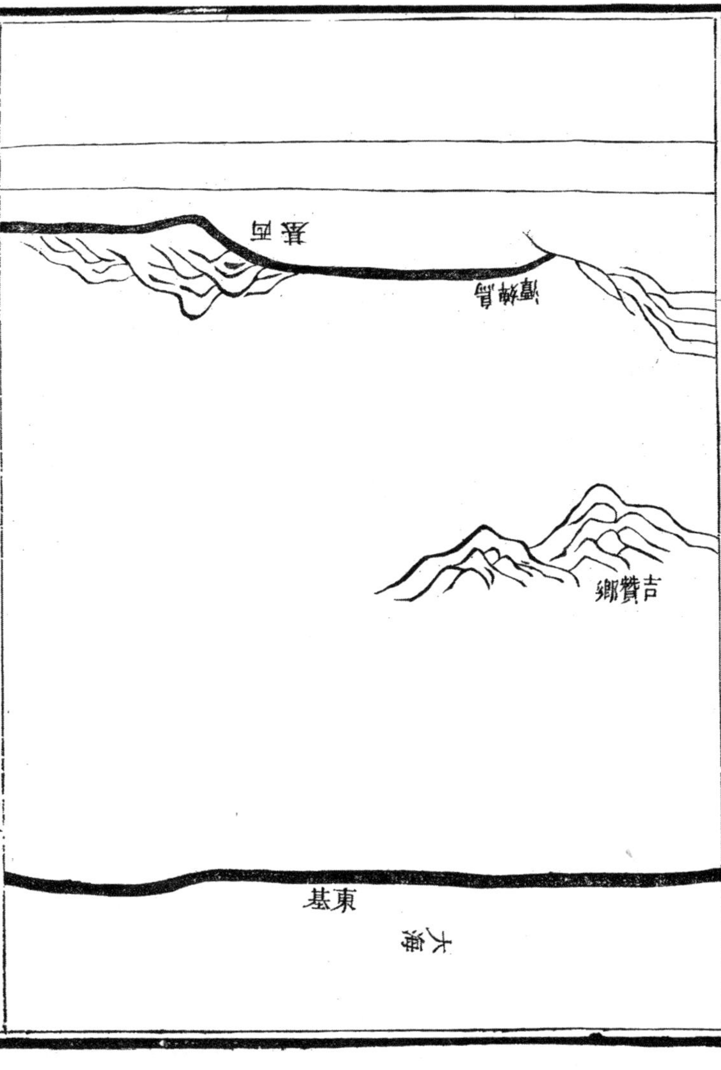

吉贊橫基爲通圍上游公業比鄰三水縣屬圍基每有衝決潦水從此灌頂而入前人仿河工格隄之法築此基其意甚深且遠但全基三百一十八丈俱在平陸潦水一侵融卸可虞庚辰捐修曾有全築石隄之議而南頭六十八丈北頭三十丈古墳纍纍議格不盡行惟中段二百二十丈外砌石坡然石久則傾欹縫裂不如於基中開隧道用三合土舂灰牆之爲固基東深潭三基西藕塘四多塡一尺受一尺之益墳冢舊葬者聽新葬者禁如此庶保無虞否則上游潦至其患潰入西基衝決急潦東駛其患潰出事已前徵矣

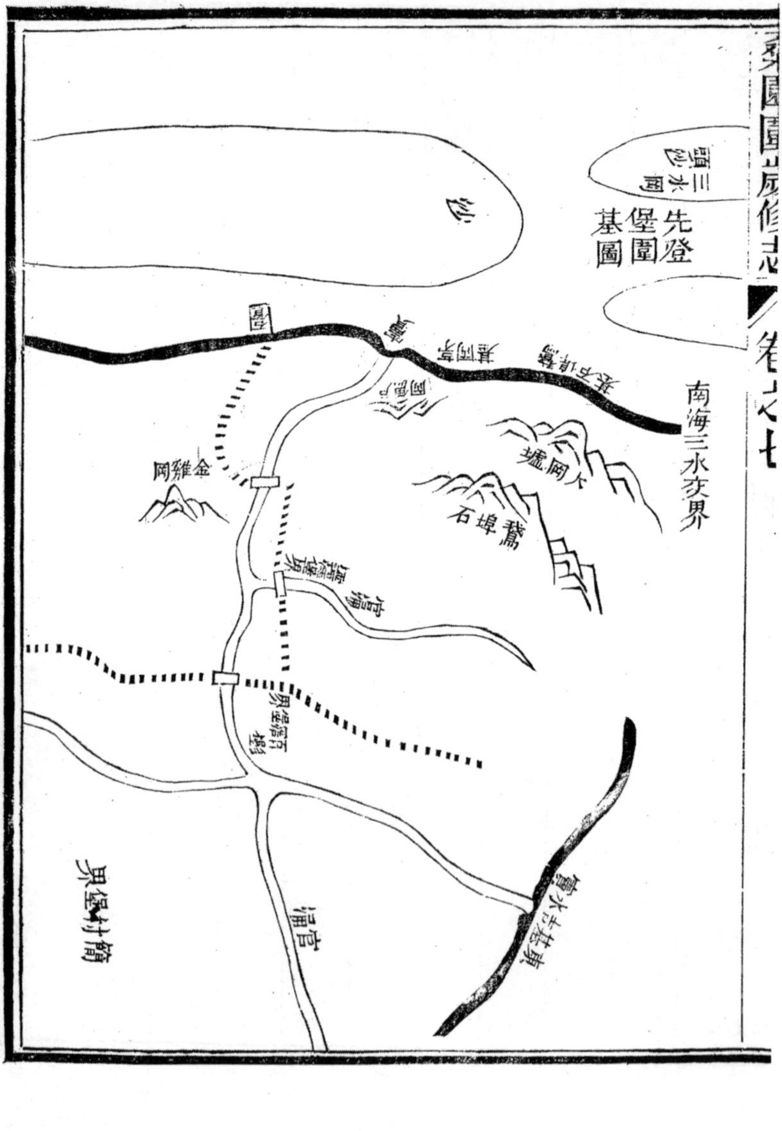
桑園圍歲修志
卷之七
先登堡圍基圖
沙
南海三水交界
金雞岡
大岡墟
鷲埠石
官涌
官涌

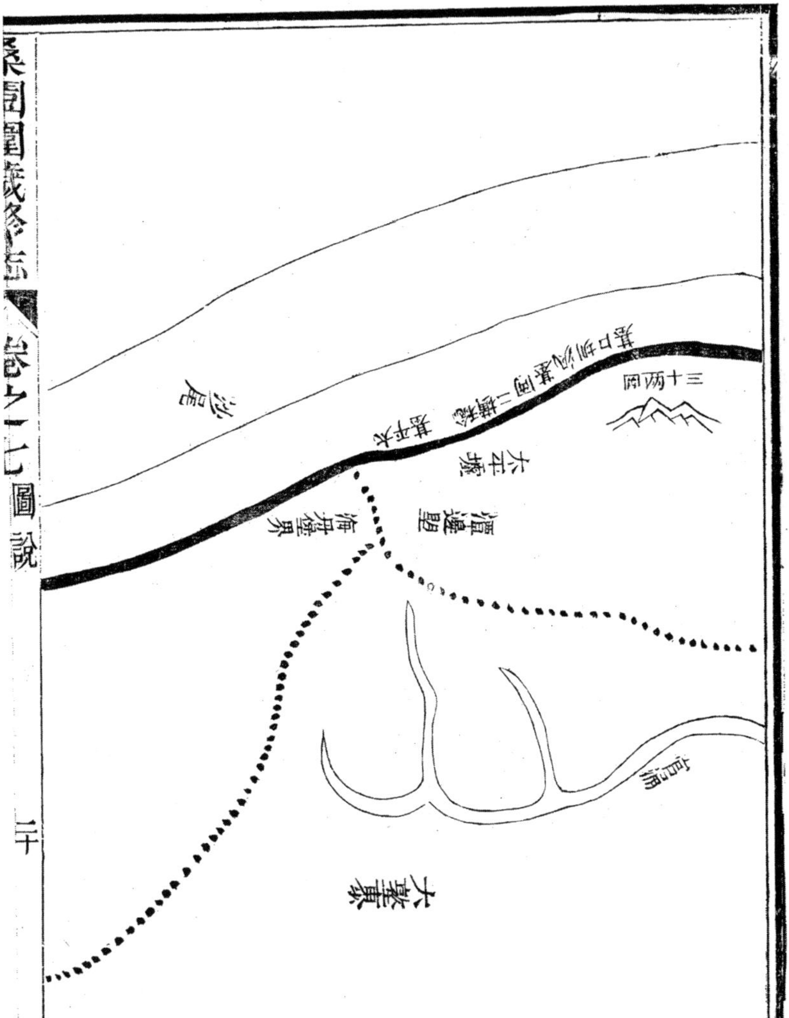

先登堡圍基內倚山阜即有漫溢可保不至延袤惟茅
岡圳口二段受太平沙頭水激射圳口汎稔岡橫岡太
平墟各段基身壁立水勢湍急護脚鑾石殺水石壩宜
因舊續蔵加培砌

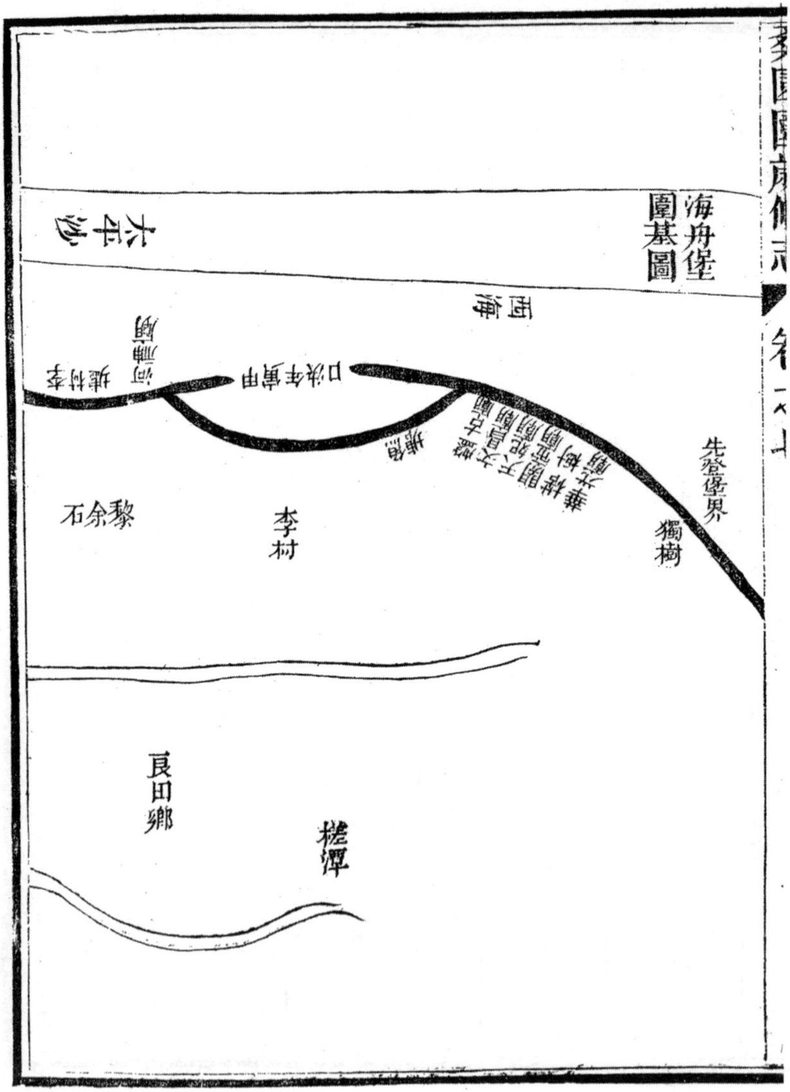
海舟堡
圍基圖
先登堡界
獨樹
李村

桑園圍歲修志　卷之七　圖說

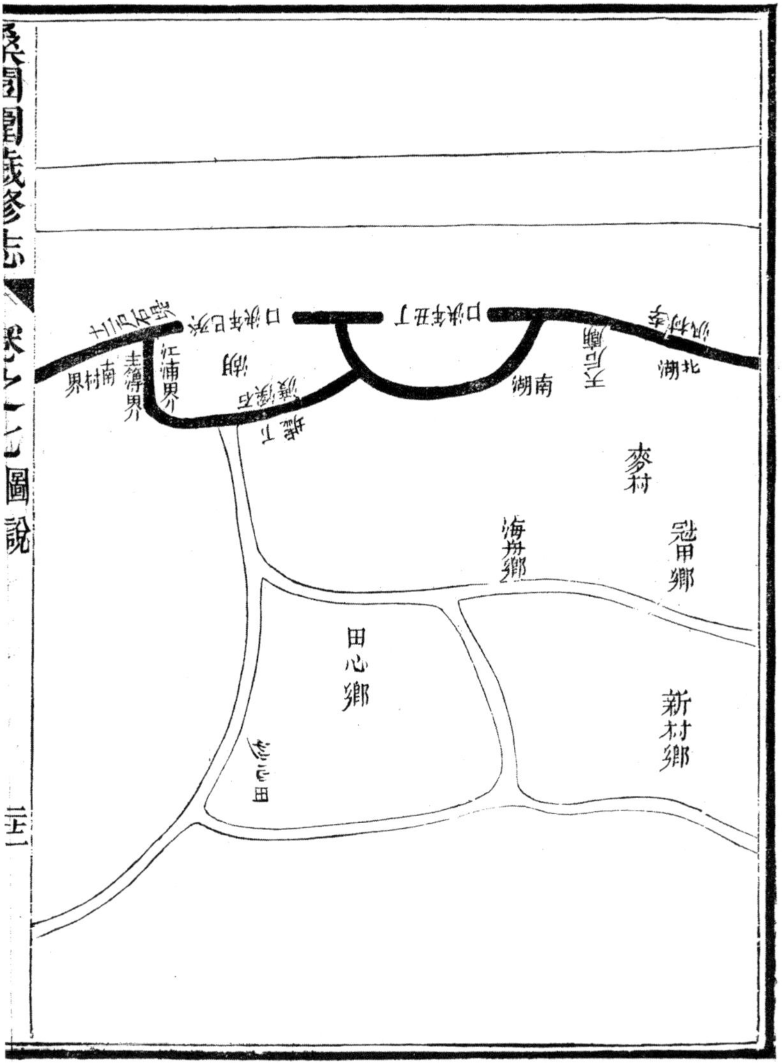

海舟堡圍基受太平沙水激射最烈甲寅黎余石一段舊決口丁丑癸巳十二戸三了基二段舊決口圈築入裏與水讓地基身高厚似可無虞惟天后廟前丁丑決口下毗連鎮涌禾义基界上三處基段頂衝最險内塡塞北湖外築三大石壩以殺水勢可保鞏固然殺水石壩非長三十丈高與基並不能與太平沙角力照石壩式乘井估值每壩約需銀五六七八萬兩不等誠非可猝辦

袁州府重修志　卷之□□　圖說

三十二

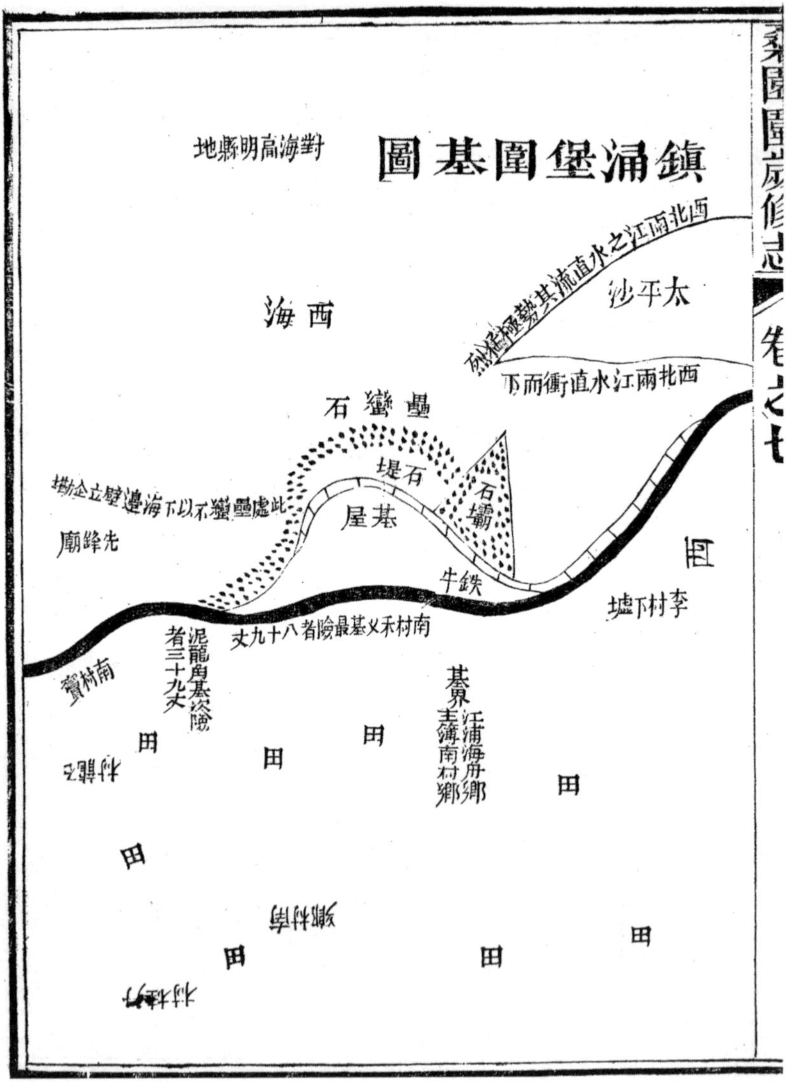
桑園圍歲修志 卷之七
鎮涌堡圍基圖
對海高明縣地
西北兩江之水直流其勢極猛烈
太平沙
西海
西北兩江水直衝而下
壘巒石
石堤
基屋
石壩
先鋒廟
鐵牛
李村下墟
南村禾叉基最險者八十九丈
泥龍角基次險者三十九丈
江浦海舟鄉
主簿南村鄉
基界

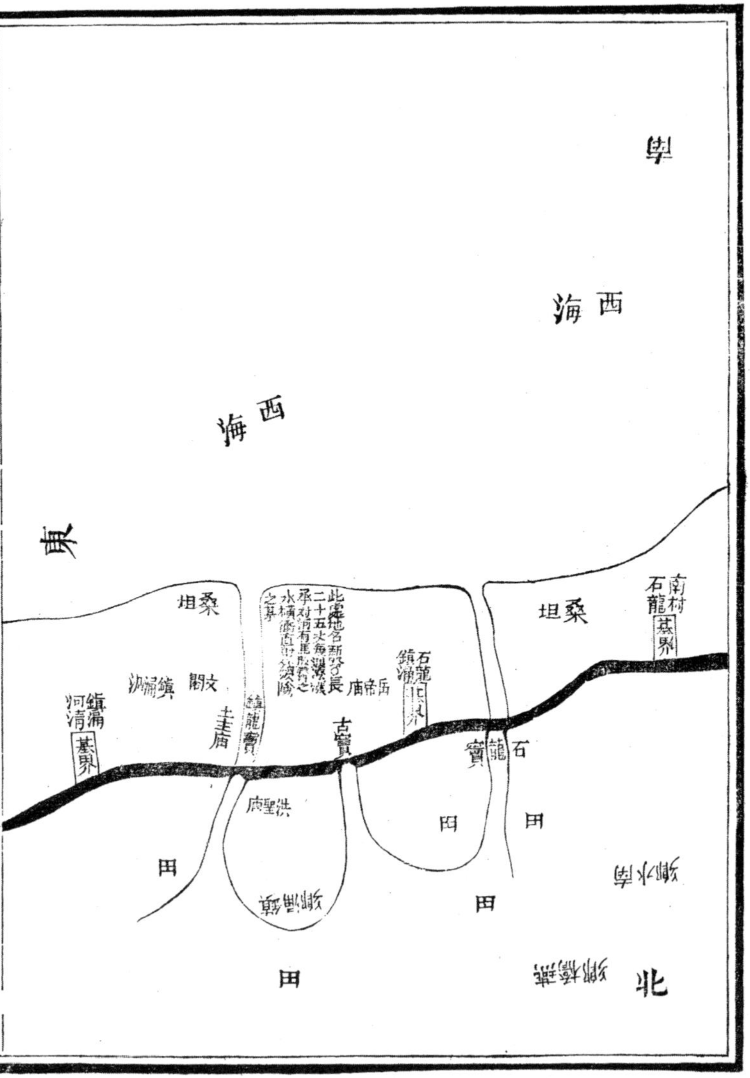
南
西海
西海
東
北
田

滇涌堡圍基由禾义基交界下至南村基坦脣過窄雖有泥龍角培築肥厚以禦江流而太平沙尾急溜衝擊石壩歲修不可緩視而河淸分界以上直至洪聖廟外坦雖濶而裏面陡絕倘有崩決由裏面救護又不如由外面圈築之爲直捷也

圖說

二十五

河清堡圍基圖

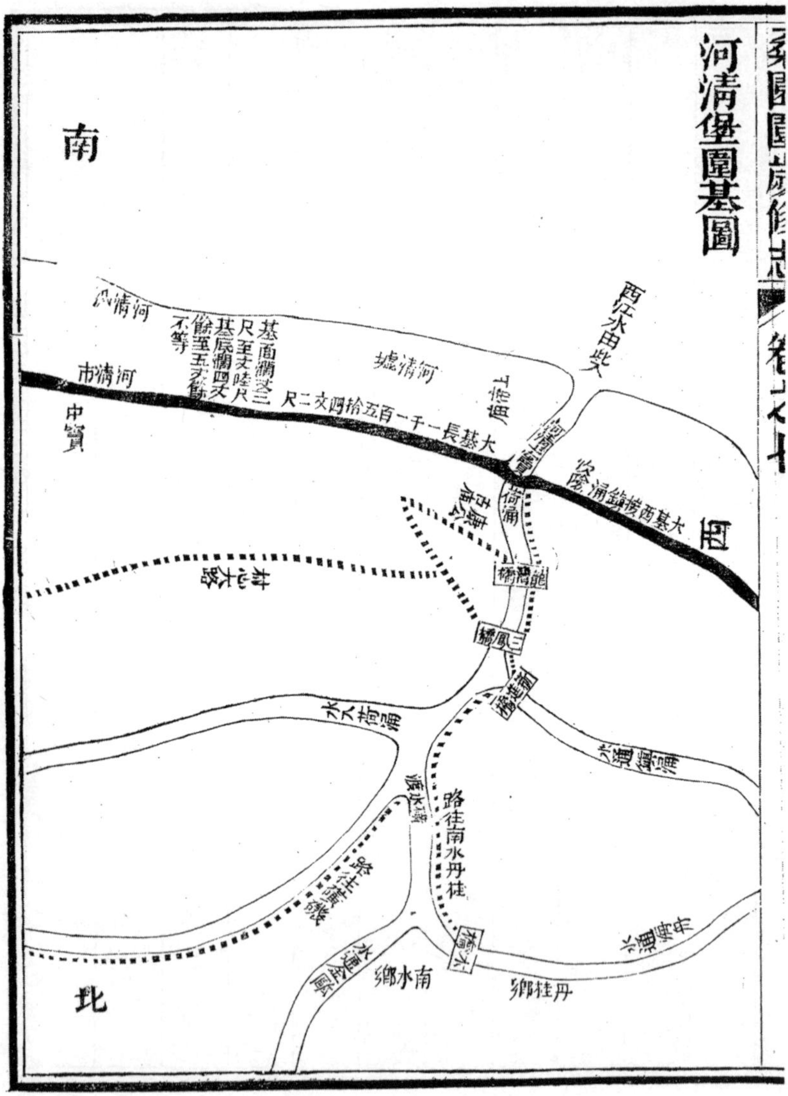
南
北
西
西江水由此入
河清基
河清市
中實
大基長一千一百五拾四丈二尺
基面濶丈三尺至丈陸尺
基底濶四丈餘至五丈餘不等
村心大路
路往南水丹桂
南水鄉
丹桂鄉

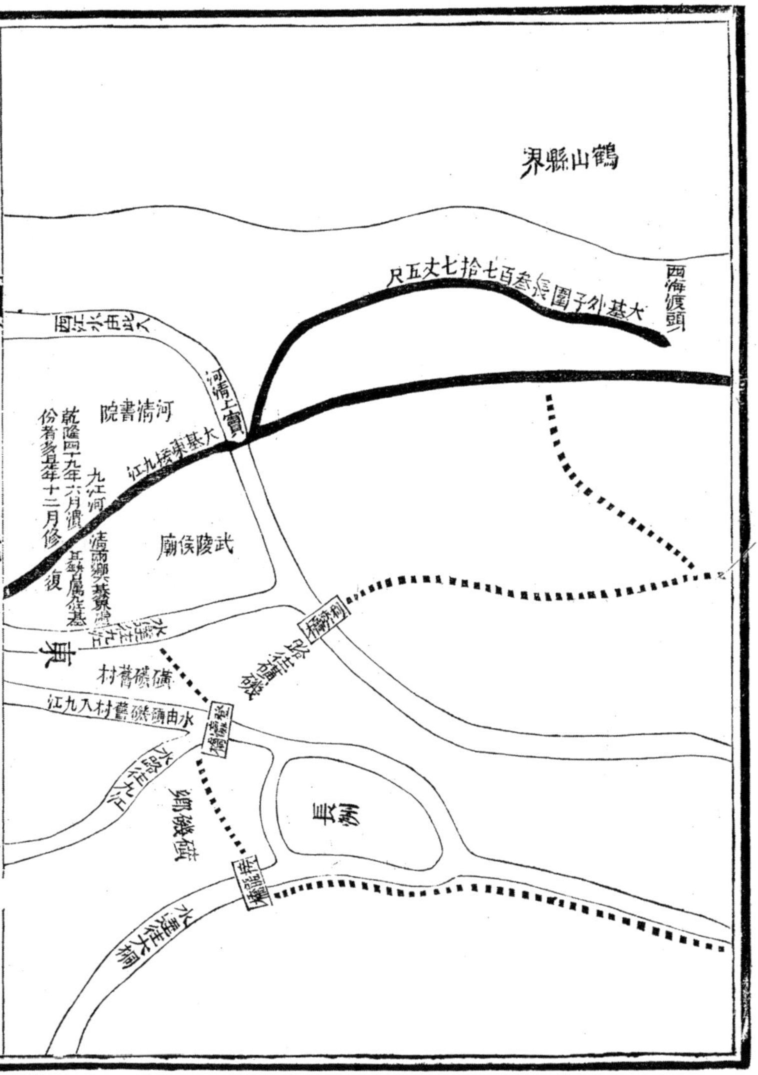
鶴山縣界
大基外子圍長叁百七拾七丈五尺
西海渡頭
河清書院
大基東接九江
武陵侯廟
東

河清圍基沙坦漫生尚屬平易荒基秋楓樹至九江界甲辰舊決口四十四弓屬頂衝次險壘石培土當防未然

図説

九江堡圍基圖

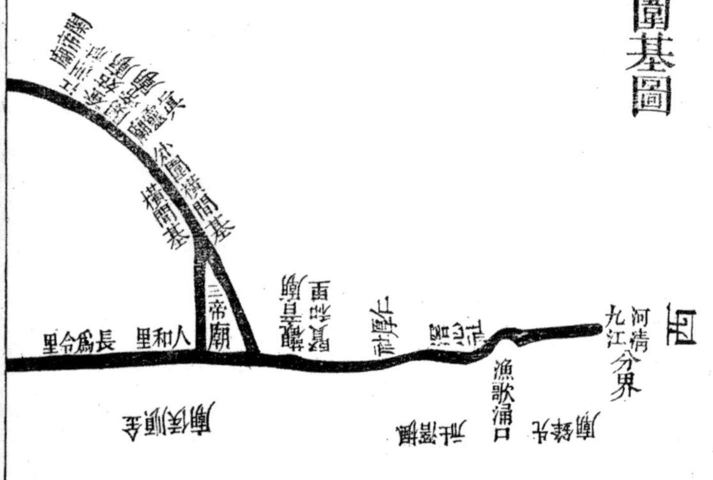

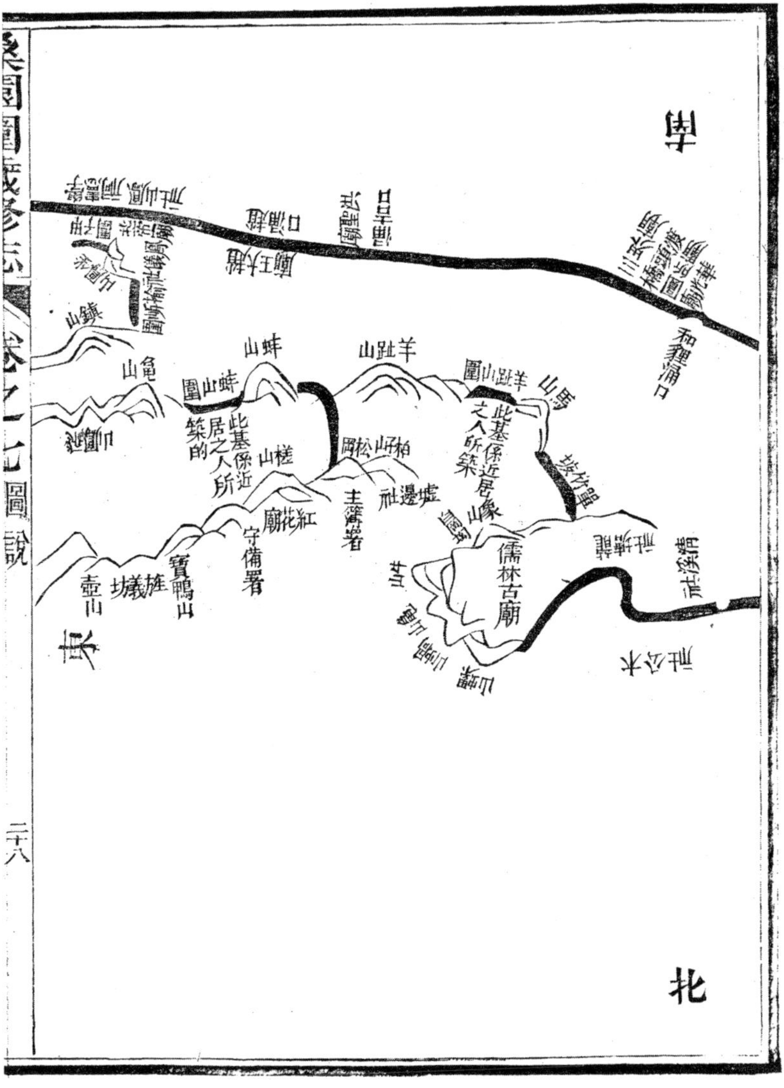
北
蚌山
羊跂山
龜山
鎮山
馬山
蚌山圍
羊跂山圍
此基係近居之人所築的
此基係近居人所築
槎山
柏仔山松岡
墟邊社
紅花廟
象山
守備署
寶鴨山
壺山
儒林古廟

卷之七 圖說

二十八

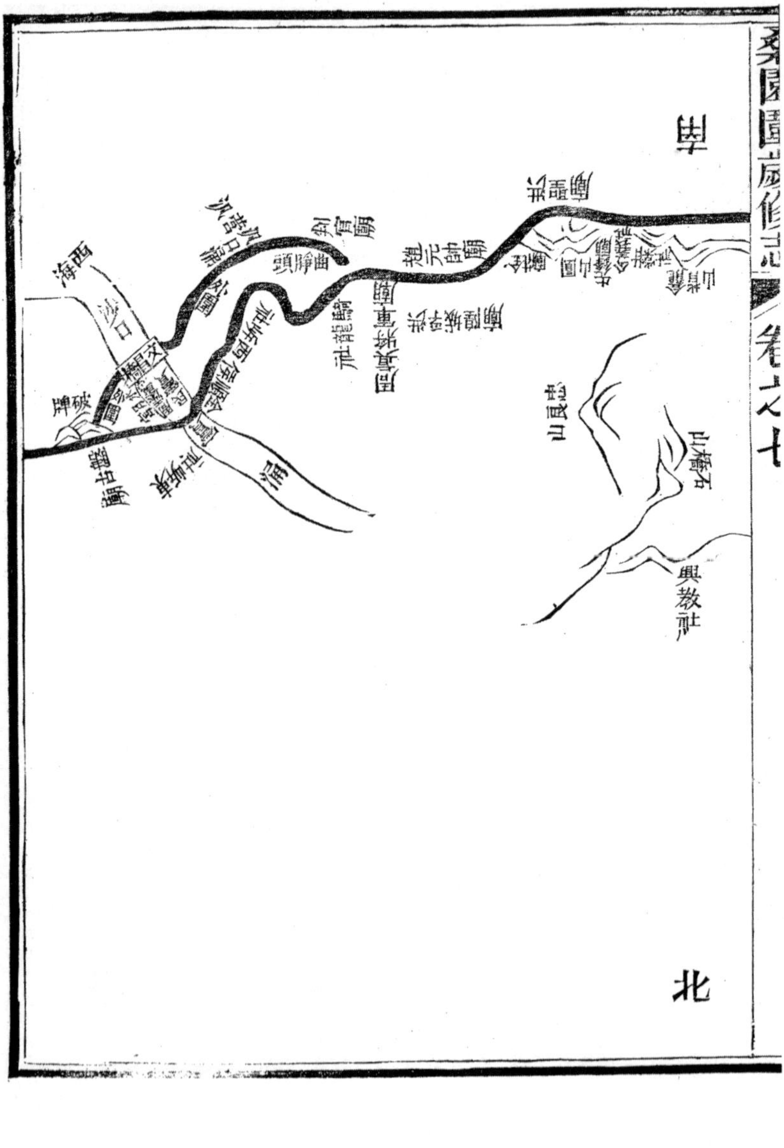
南
北

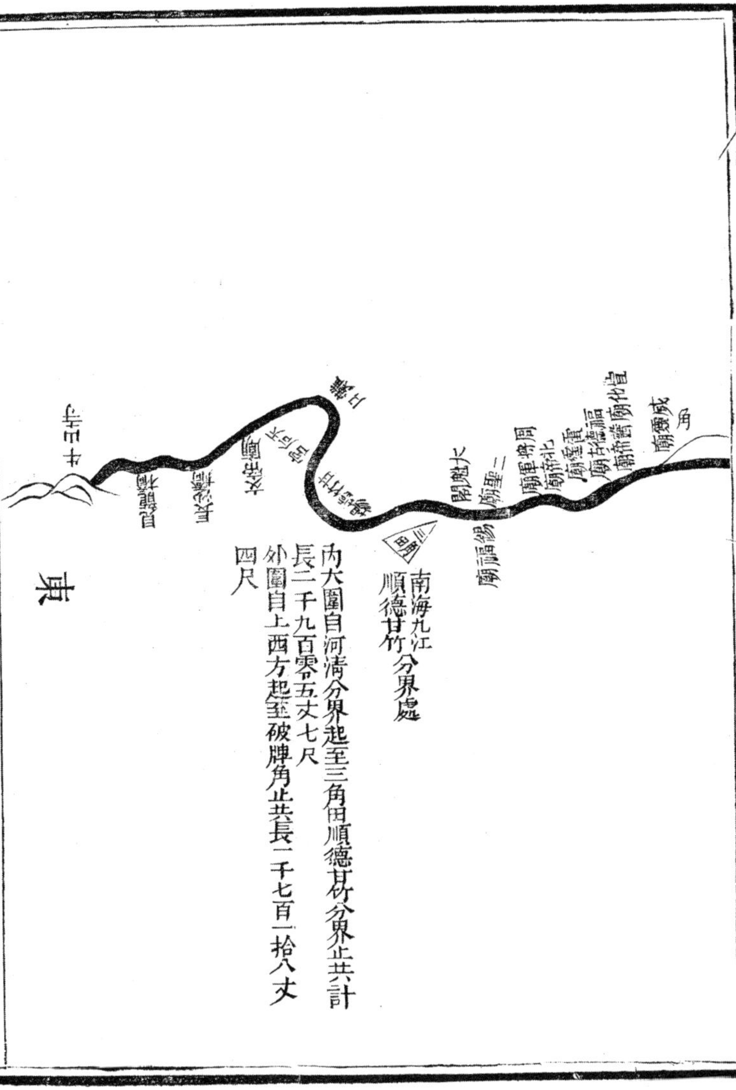
東
三角田
大魁閣
二聖廟
角
南海九江順德甘竹分界處
內大圍自河清分界起至三角田順德甘竹分界止共計長二千九百零五丈七尺
外圍自上西方起至破牌角止共長一千七百一拾八丈四尺

九江堡圍基處西北江下流潦水驟漲至上流太平沙突起江中河清坦亘連江滸至大洛口古潭龕貝二沙層陡而起兩沙相阻搏擊橫流古潭沙頭近更開設窰戶益阻遏有勢以夾流之形成在山之害己卯歲修仲邑侯創築與仁里威靈廟沙溪社圓所廟石壩四道庚辰捐修委員余刺史於新墟下蠶姑廟前橫基頭石棧路口創築石壩三道當事之憂可謂廑矣而壩短水深江流石轉纘績紹休端望來哲

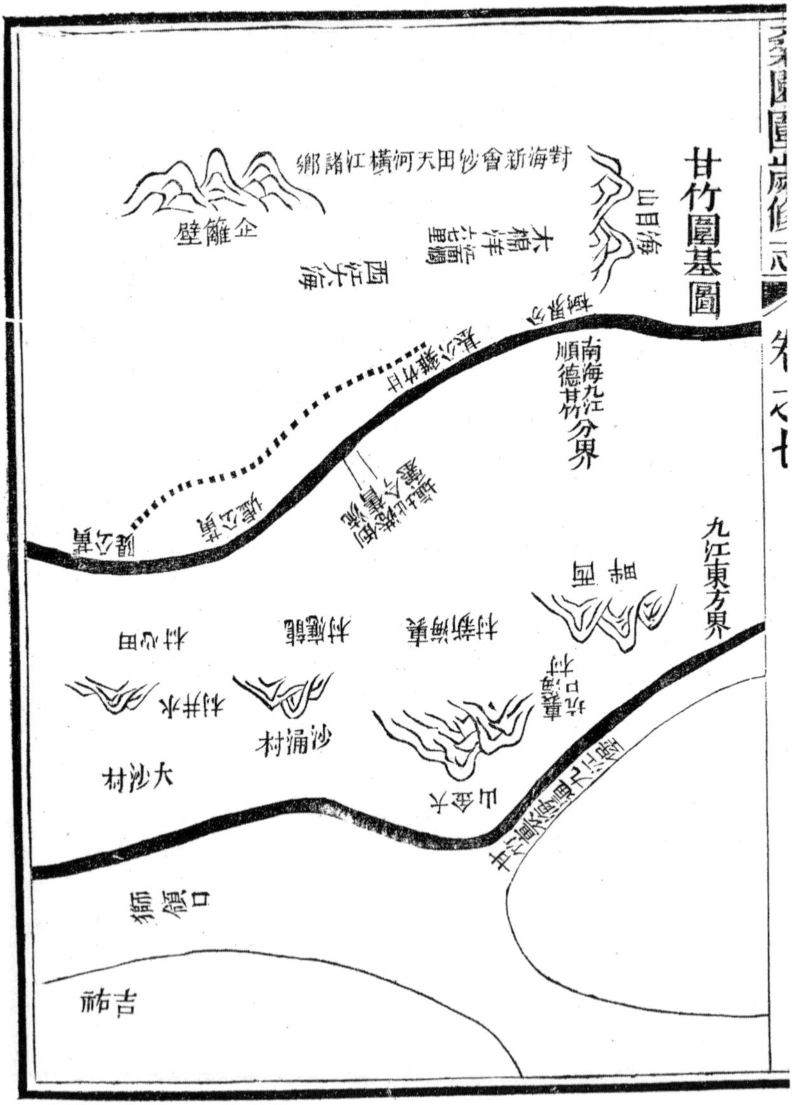
甘竹圍基圖
南海九江順德甘竹分界
九江東方界
對海新會沙田天河橫江諸鄉
西江大海
大沙村
沙涌村
水井村
田心村
東海村
吉祐

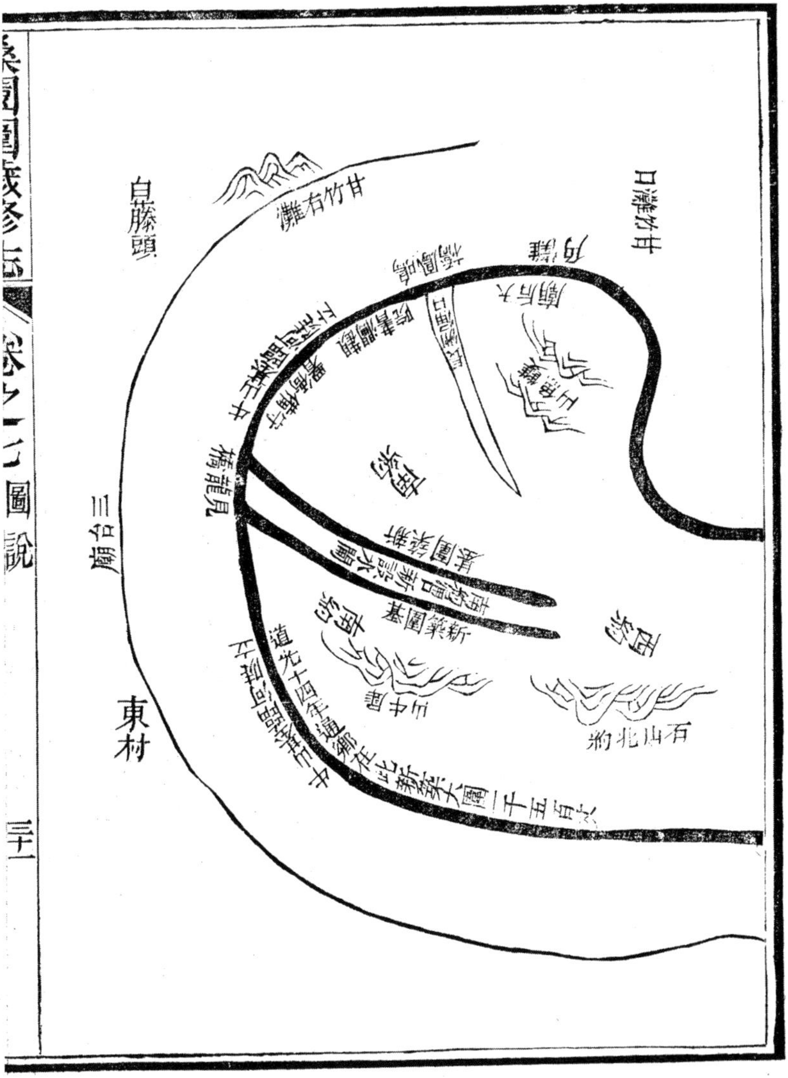
白藤頭
東村

廿竹堡圍基自灘口上至九江界水皆順流無衝射擊撼之險但基身爲墟塲舖舍阻障加高培厚孔艱常有溢面之患自守備署下至犀牛山臨河壁立時防坍陷今於南約創築裏圍基一千五百丈以防大基漫溢亦曲突徙薪之見也

桑園圍歲修志 卷之一 圖說 三五

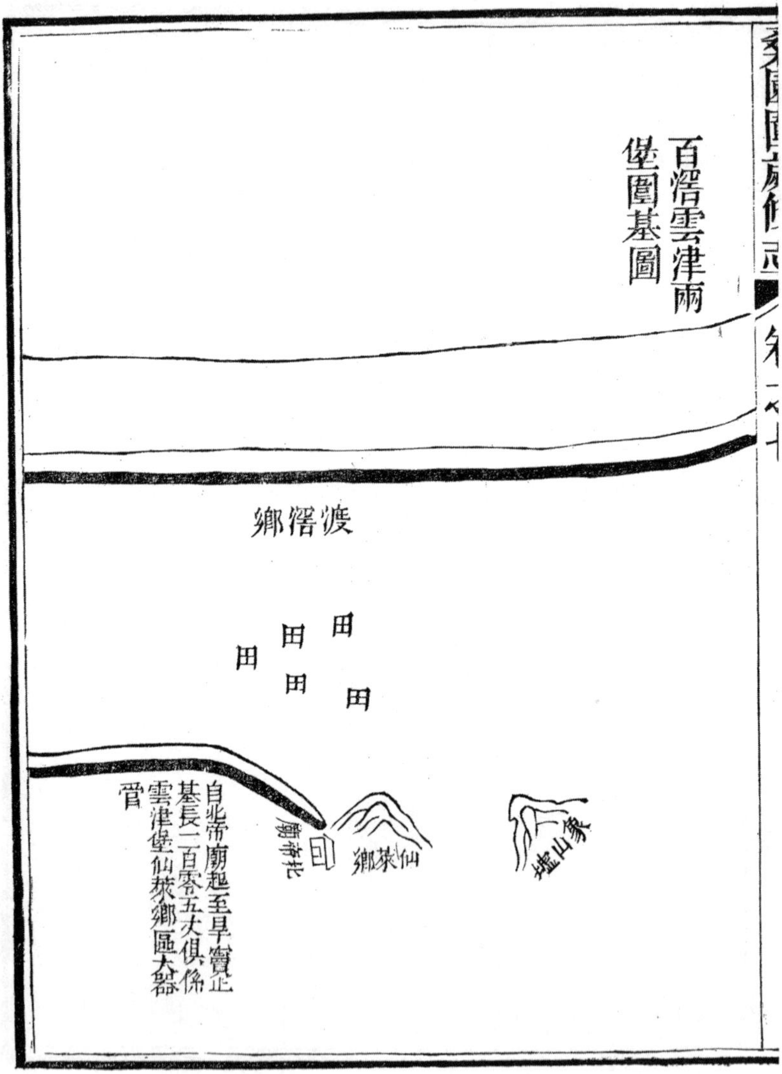
百滘雲津兩堡圍基圖
渡滘鄉
田
田
田
田
田
北帝廟
仙萊鄉
象山墟
自北帝廟起至旱竇止基長一百零五丈俱係雲津堡仙萊鄉區大器管

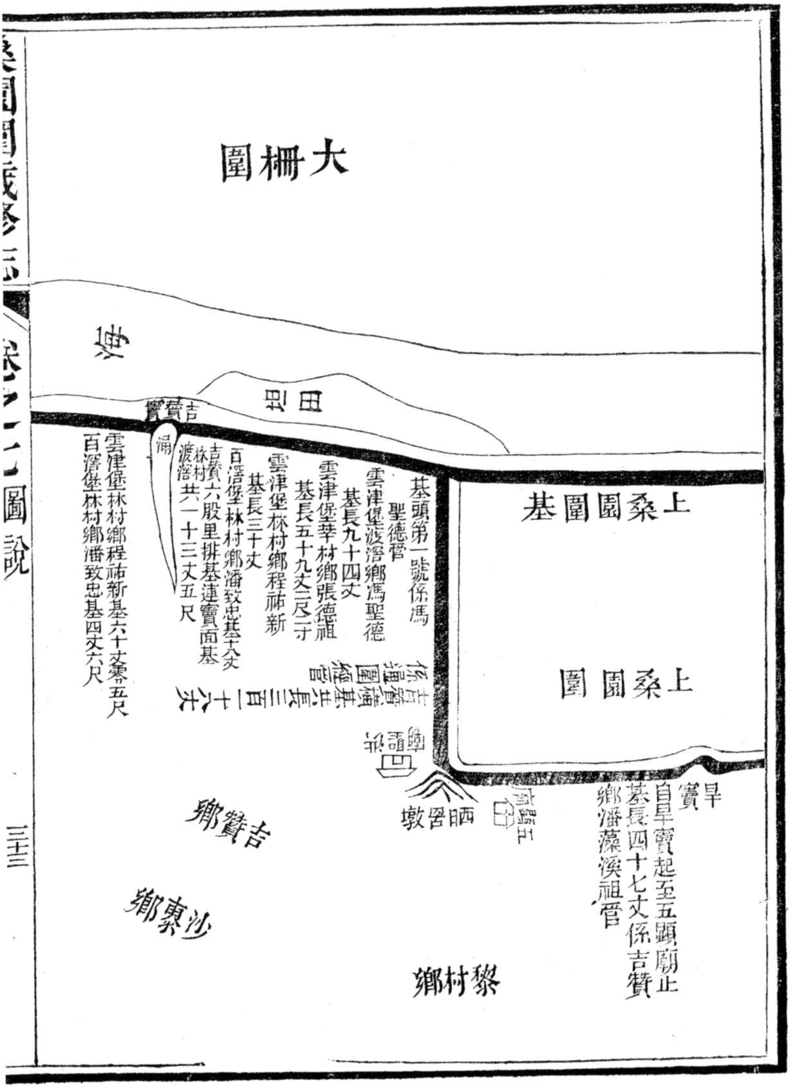
大柵圍
吉贊竇
上桑園圍基
上桑園圍
基頭第一號係馮聖德管
雲津堡渡滘鄉馮聖德基長九十四丈
雲津堡莘村鄉張德祖基長五十九丈三尺一寸
雲津堡林村鄉程祐新基長三十丈
百滘堡林村鄉潘致忠基十六丈
吉贊六股里排基連竇面基林村渡滘共一十三丈五尺
雲津堡林村鄉程祐新基六十丈零五尺
百滘堡林村鄉潘致忠基四丈六尺
西暗墩
早竇
自早竇起至五顯廟止基長四十七丈係吉贊鄉潘藻溪祖管
吉贊鄉
沙東鄉
黎村鄉
三十三

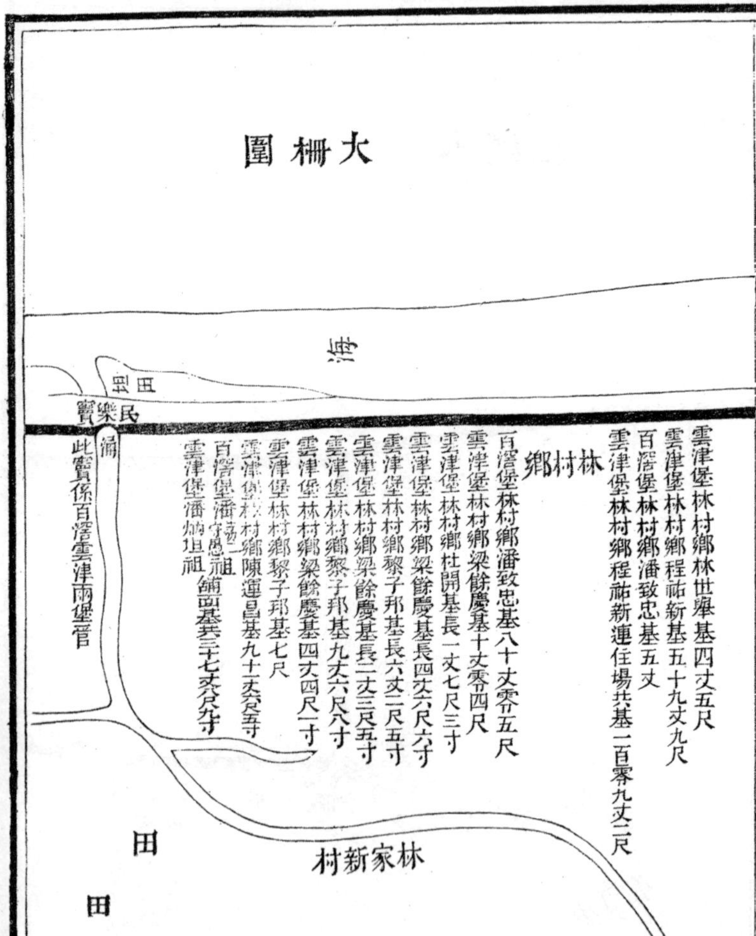
大柵圍
海
田坦
民樂竇
涌
此竇係百滘雲津兩堡管
林村鄉
雲津堡林村鄉林世舉基四丈五尺
雲津堡林村鄉程祐新基五十九丈九尺
百滘堡林村鄉潘致忠基五丈
雲津堡林村鄉程祐新連任場共基一百零九丈二尺
百滘堡林村鄉潘致忠基八十丈零五尺
雲津堡林村鄉梁餘慶基十丈零四尺
雲津堡林村鄉杜開基長一丈七尺三寸
雲津堡林村鄉梁餘慶基長四丈六尺六寸
雲津堡林村鄉黎子邦基長六丈二尺五寸
雲津堡林村鄉梁餘慶基長二丈三尺五寸
雲津堡林村鄉黎子邦基九丈六尺八寸
雲津堡林村鄉梁餘慶基四丈四尺一寸
雲津堡林村鄉黎子邦基七尺
雲津堡林村鄉陳運昌基九十一丈六尺五寸
百滘堡潘守惠一祖
雲津堡潘炳垣祖
舖面基共二十七丈六尺九寸
林家新村
田
田

桑園圍總志 卷之七 圖說 三十四

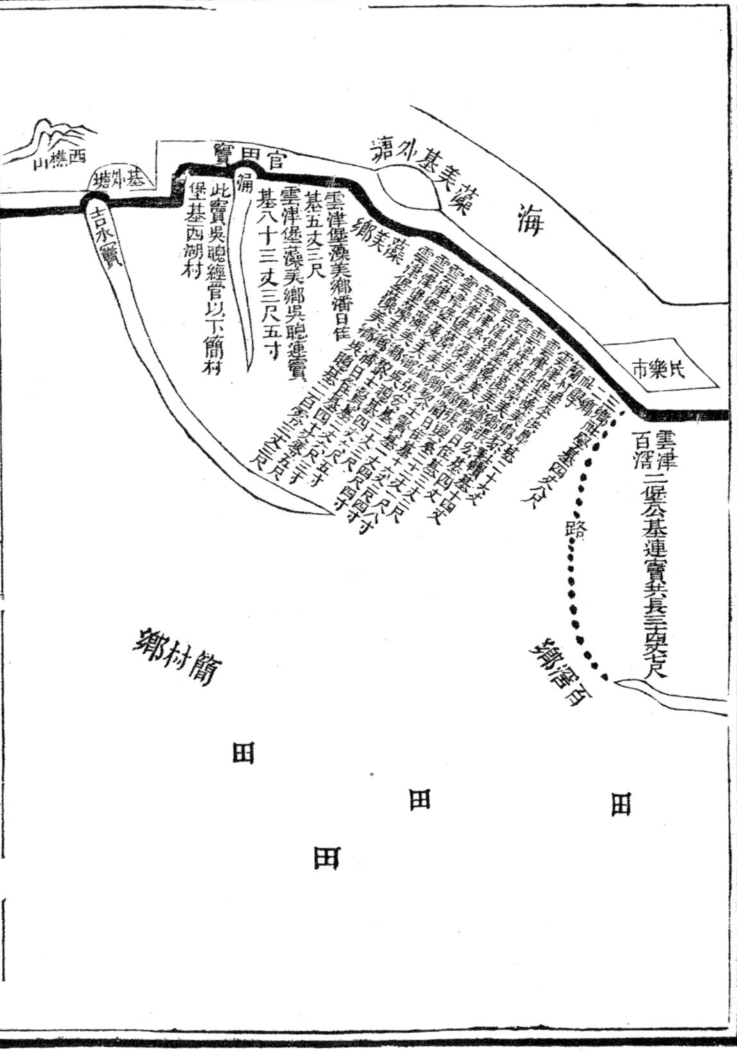

雲津百滘兩堡圍基自簡村堡以上江潦有倒灌而無直注防護亦易惟吉贊橫基上仙萊岡一百五十餘丈上游三水蜆塘波角鳳果圍潰輒有及溺之憂自庄邊竇下至高田竇基段內外臨塘者十一外臨河者八而臨塘陡險葫蘆塘一段爲最臨河之險壘石護脚歲修未易息肩臨塘之險塡水爲地一勞永逸矣

簡村堡圍基圖

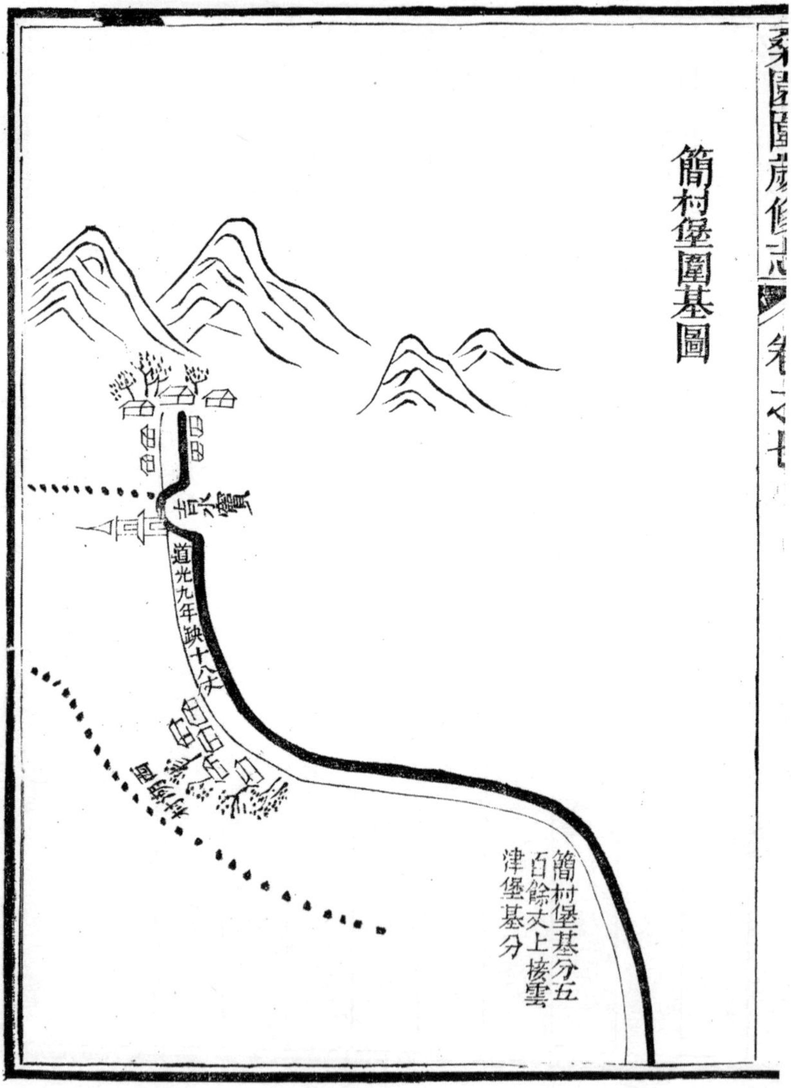
吉水竇
道光九年缺十八丈
簡村堡基分五百餘丈上接雲津堡基分

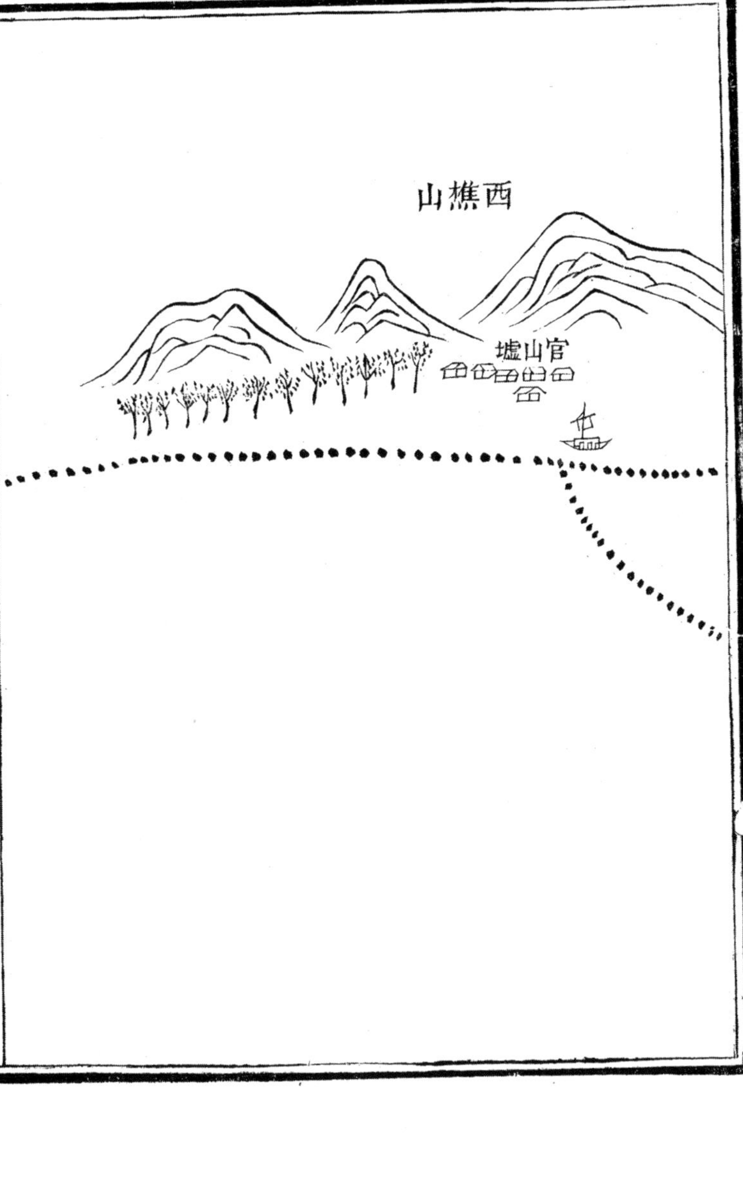
西樵山
官山墟

簡村堡圍基南阻西樵山吉水實在基彎盡處盛潦猝至狂風驟作可藉岡阜殺風潦之勢惟墟亭一段低矬單薄漫溢時虞外基三丫海口與水相敵敵水非壘石不能矬薄但培土立可使之高厚

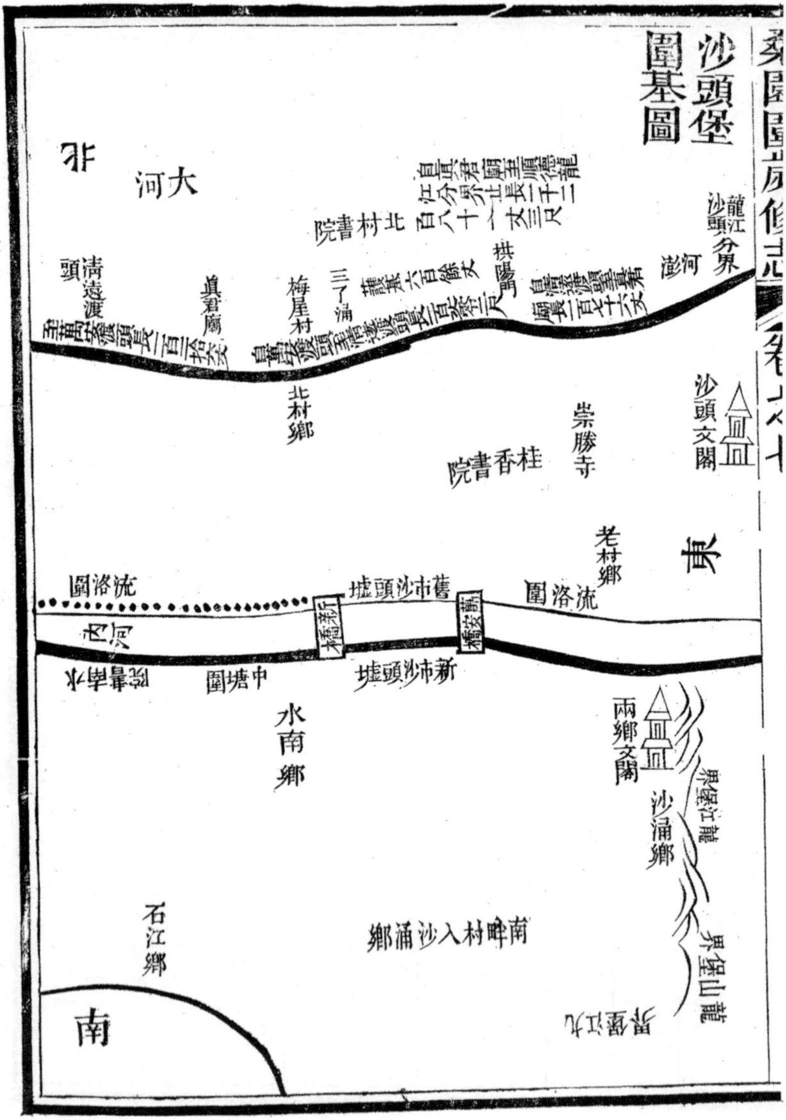
沙頭堡圍基圖
北
大河
北村書院
龍江沙頭分界
河澎
北村鄉
崇勝寺
沙頭文閣
桂香書院
東
老村鄉
流洛圍
舊市沙頭墟
內河
新沙頭墟
中塘圍
水南鄉
兩鄉文閣
沙涌鄉
龍江堡界
龍山堡界
南畔村入沙涌鄉
石江鄉
南

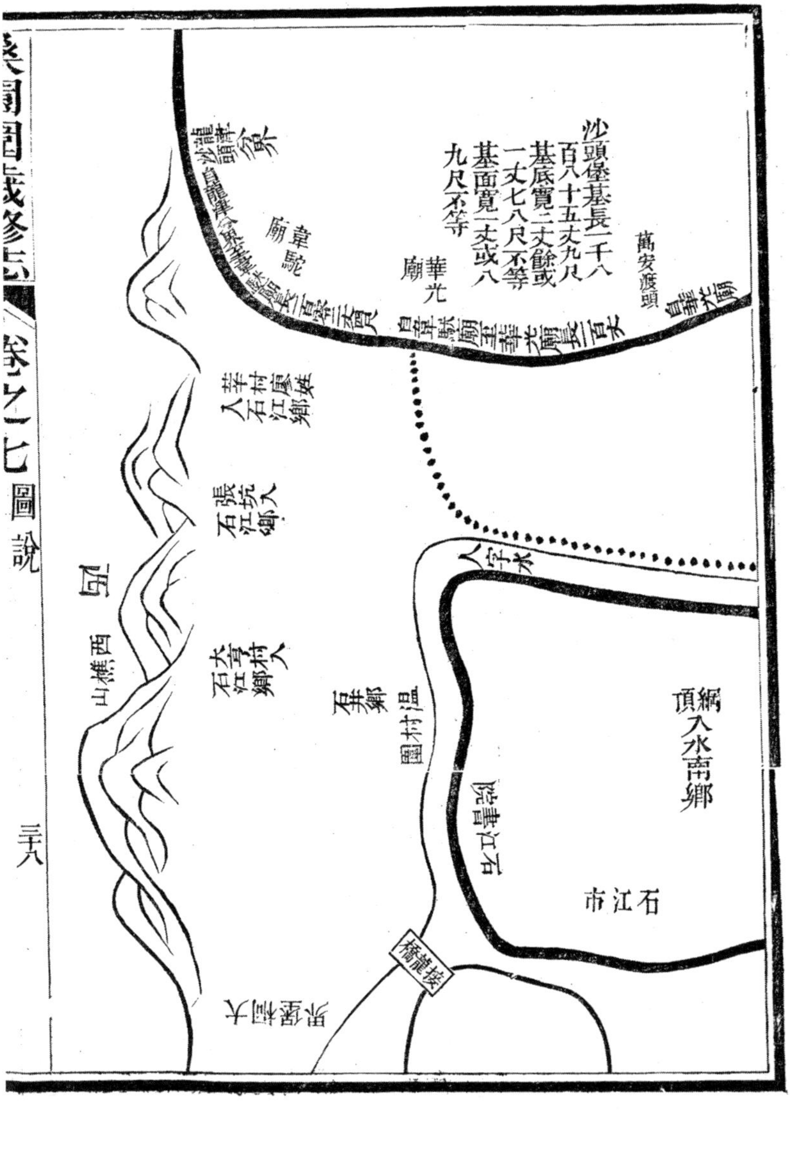
桑園圍歲修志 卷之七 圖說
三十八
沙頭堡基長一千八百八十五丈九尺
基底寬三丈餘或一丈七八尺不等
基面寬一丈或八九尺不等
章駝廟
華光廟
萬安渡頭
入字水
西樵山
石井鄉
溫村圍
石江市
接龍橋
古江書院
綱頂入水南鄉

沙頭堡圍基爲東基極險要區西北兩江之水由思賢滘直下港汊紛注紆徐曲折過佛山沙口紫洞吉利龍津至沙頭界羅村沙突起江中亘長幾與基並激水橫射歲修稍緩坍卸立見由省城渡舊步頭至眞君廟上五壩遞築防護亦已周備然沙之勢乘淤日增壩之石隨流日轉保障歲矢履冰而韋馱廟眞君廟上下相距中間第二壩第三壩第四壩各段外無坦內臨藕塘涌滘塡塞壘護克勤庶無陡陷之虞

同治六年冬因北村裏患基最多惟外涌內塘礙難加高培濶故自三了涌起至拱陽門外止於外坦增築護基六百餘丈舊基仍不廢庶內外兩基交資扞禦

龍江堡圍基圖

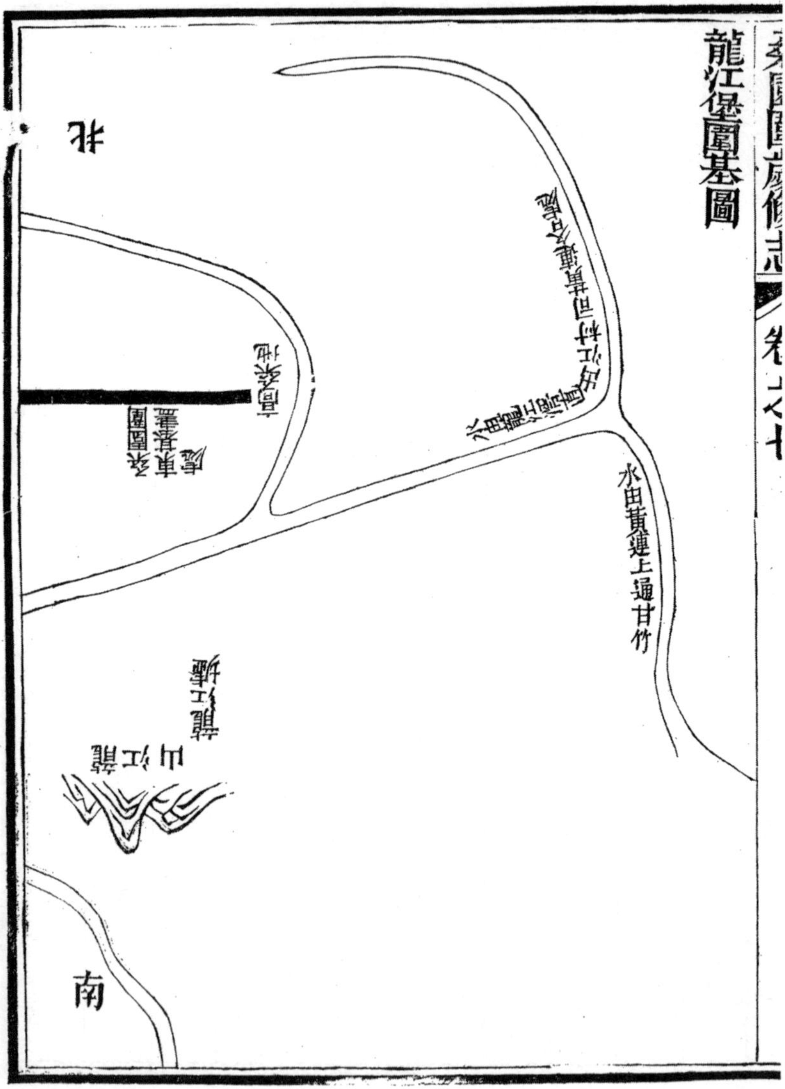

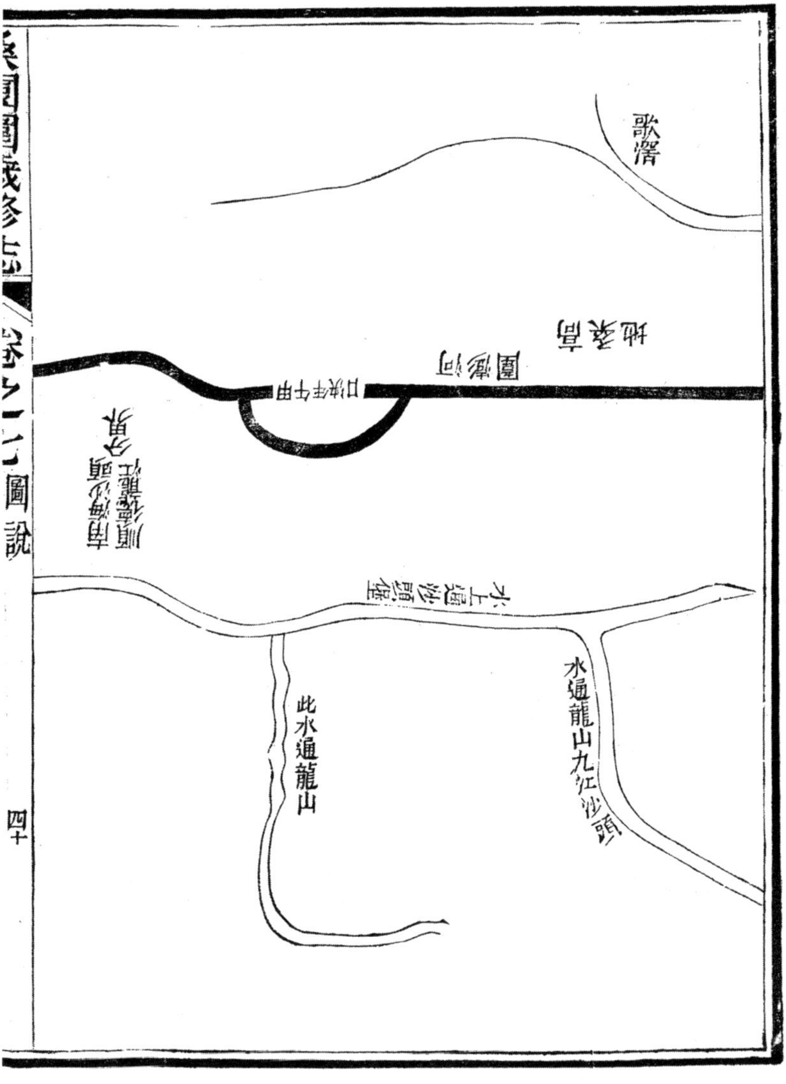
此水通龍山
水通龍山九江沙頭

龍江堡圍基爲通圍涌滘下流東注之區似乎歲修可緩然一有漫溢則洼潦倒灌退出倍難前人於此築基幾費熟思審處苟任其低矬毋卹不早爲之所豈非玩愒前烈加高培厚是所望於福惠桑梓者

沿革內補載道光己丑伍紳捐修檔册圍紳張喬年等基工獲竣呈業戶區大器等仙萊岡工竣呈

案桑園圍自宋徽宗時尚書左丞相何公執中建築越三年張公朝棟築吉贊橫基三百餘丈明洪武二十八年陳公博民伏闕上書塞倒流港嗣是由明代至

國朝乾隆四十九年以前溢決不一或基主業戶自行修築或官爲督修經理或圍內好義邮助工程不一基形曲直亦遞有變遷而當日總理諸公姓名多軼不可考惟乾隆五十九年及嘉慶二十二年其總理姓名固有圍志存並今道

光十三年大修總理諸公姓名及基段圈築直築情形均宜備載以資來裔考据次沿革

宋徽宗時張公朝棟官廣南路初入粵微服訪民間疾苦舟過鼎安値夏潦漲湧懷山蕩蕩萬頃無垠高坵上露天席地而棲者滿目皆然卽爲奏請築圍以全民命得旨遣尙書左丞後陞左僕射何公執中與公審度形勢速行建築今東西兩隄二公胼胝之力也故老所傳高廣丈尺頗不入信當以乾隆八年周公尙迪碑文爲據詳後越二年隄成卽分別堡界各堡各甲隨時葺理河清隄上舊有　洪聖廟並奉祀何公今圯據丁丑桑園圍志修下同

旣築圍之三年上流大路峽基決水勢建瓴下我圍中

無閘堵仍復淹浸張公乃相地勢最狹處西自吉贊岡
邊起東屬於晾罟墩築橫基三百餘丈依照東西兩隄
高濶并留餘地以爲取土修補之用今橫基亦有　洪
聖廟并祀張何二公暨歷次有功斯隄者
明洪武二十八年乙亥六月初九日吉贊橫基被潦沖
決各堡議築時有九江陳公博民號東山叟慷慨有才
謂夏潦歲至倒流港爲害最劇乃度其深廣工程伏闕
上書議塞旨下有司屬公董其役洪流激湍人力難施
公取數大船實以石沉於港口水勢漸殺遂由甘竹灘
築隄越天河抵橫岡絡繹亙數十里經始丙子秋告成
丁丑夏各堡人士爲建祠九江額曰穀食新會黎貞記

之貞號秫坡陳白沙嘗稱之曰吾邑以文行敎後進百餘年秫坡一人而已詳府志儒林傳

永樂十三年乙未李村基潰決各堡助力修復

成化十八年壬寅夏四月河清基決各堡助力修復

成化二十一年乙巳海舟基決各堡論糧助築

宏治元年戊申海舟基又決通圍助力修復

嘉靖十四年乙未夏五月大水決基不記地名御史戴景奏請蠲賦

萬歴十四年丙戌秋七月西海基漫溢總督吳公文華疏請減租

萬歴二十五年丁酉大水西海基決不記地名

萬歷三十三年甲辰夏五月大水沙頭堡基决附近自
行築復

萬歷四十年壬子九月十六日海舟堡水割下墟坍陷
幾盡經庠生朱泰等呈請制軍履勘謂此隄逆障洪流
爲河伯所必爭須退數十丈刱創一基方可免患通圍
定議計百丈有奇各堡計畝助築復承邑侯羅公萬爵
委任官督理數月基址告成至萬歷四十七年原舊基
潰

崇禎十四年辛巳六月初三日大路峽决我横基東頭
决一十七丈全圍淹浸邑令朱公光熙駕船行泥淖
中躬親撫慰捐俸賑施卽傳各堡合力築復朱公並請

當事助工修峽明年復捐修鎮涌堡南村各隄及各竇穴民獲甯宇

國朝順治四年丁亥五月大水六月初八日大風颶吉贊橫基墮裂二十餘丈各堡傳鑼築復附近出椿米酒食

康熙十七年戊午六月二十七日渡滘馮德艮田頭基決去六丈各堡齊到將附近樹木塼杉救復馮德艮槁謝是年大憲奏免被災錢糧三分之一

康熙三十一年壬申五月十九日大雷雨八日葫蘆嶺裂火光滿天橫基中段決去三十九丈其深無底各堡會議用竹排乘泥繼用杉紐架井字加板施泥九月初

八日始復原址

康熙三十三年甲戌五月初六日西北兩江潦發自三水下連決一十九圍初八日橫基決去五十八丈八尺各堡傳鑼齊到每甲要艇一隻人夫四名各攜鍬鋤終不能救至水退有義士程公儀先到處科捐其有應科不繳者工人纏催程公卽將已業變賣應支乃得完理

是年大憲奏免錢糧三分之一

康熙三十六年丁丑六月初三日潦漲初四日兼發颶風連日衝決蜆殼青草沙基上桑園等圍初六早橫基水將溢面各堡傳鑼救復吉贊鄉送酒米犒工各堡亦自攜糧到基所工作

康熙四十年辛巳五月吉贊橫基潰通圍修復是年大
憲奏免錢糧三分之一
康熙四十一年壬午十一月十五日奉巡撫都察院彭
憲牌案准工部咨開直隸各省應修低岸上官務須親
往查勘如工程不堅經管各官指名題參等因遵照咨
院行司飭府轉縣星速親詣所屬各該基竇處所限一
月內逐一清查遇低缺崩陷之處督令該鄉業戶附近
坦田取坭修補倘有豪强抗阻不俾取坭修理阻撓工
程不遵承管者立拏究處至修築與工竣工日期星馳
具報
江浦司各堡里民呈為乞採輿情賜文詳覆事竊惟桑

圍一圍吉贊橫基歷來各堡里民合同經理未有分界另管凡有崩决合力修築去年五月内西潦沖陷奉行修葺亦係論堡論糧均派經報竣工在案今奉攝理府事太爺金批着令監界分管無非欲有專責易於提防獨是各堡里民住居有相距基所七八十里有相距三四十里近者朝往暮歸尚能照看遠者盡日程途鞭長莫及必須人看守方保無虞但荒郊蔓草無處栖宿此監碑分管似有未便況西潦漲發無期决崩基址難料假使崩决此堡基份遠者弗能奔救近者亦謂各有專司勢必秦越無關且以一堡之人力長江巨浪萬萬難持雖有事後責成經管復何異江心補船此分管之勢

實有難爲今集衆再三商議求其久遠無弊計出萬全者莫若任在吉贊一村夫吉贊枕在基所出入耕作皆由此道若西江潦漲基有危險該村登卽鳴鑼附近鄉村遞相接傳奔報各堡之人身家性命所關未有不奔馳恐後者吉贊一鄉田園廬舍亦在圍内當日修葺橫基衆人念係小修未有派及該村今日令其傳鑼遞報揆之情理甚屬妥協卽去年八月間西潦復發基又危險幸藉該村鳴鑼相傳晚稻始獲豐收卽其明效倘風雨淋漓基未畫一俟冬天再加修補另具結報再查橫基東頭有横水小渡一隻向在杜滘村前開擺裝載耕農器具迨後權移橫基河下每逢一四七墟期往來客

商以及佛山張槎下風岸等處販買牛隻每墟牛隻多則百餘少則數十日踏月踐甚易崩頹如康熙戊午年崩決橫基皆由牛隻踐踏低陷成坑致遭禍患伏乞一併轉詳着令渡回原額牛由上路通行等情歷呈各憲蒙批准如詳在案

康熙四十五年丙戌十月十九日九江堡舉人關龍貢生朱順昌等瞞控欲築高篸居基以爲内防自潭邊路口起至沙邊墟石路岡尾市爲界基面濶以五尺高照篸居基陂上石橋面爲度稟蒙縣主給示興工後經各堡聯呈以一件宦衿結黨佔業築基閉塞水道乞弔示停築亟救糧命事切四海爲壑聖禹利在天下鄰國

爲鰲白圭私立一方某等各堡與九江同居桑園圍内各堡居北九江居南歷衆共築東西二海大基以防水患間或修葺合力鳩工如遇洪潦崩決全由九江下流注消是下流之道無異九河之注海淮泗之注江也詎九江堡舉人關龍貢生朱順昌等只謀一方便利不顧各堡顛連假修復爲名揑稱古蹟遁前藏後鬼載一車强將大同稅業混飾虛詞瞞聳仁天蒙批查勘乃賄巡司不行公踏不詢鄰堡不查稅戸混文回報給示修築突於本月二十二日興工擺汎兵而擁器械大張聲勢童叟驚駭公查伊鄉從無裏圍原蹟上古既無舊址今日奚容新築此基横截則閉塞下流喉咽若遭水患耕

鑿維艱秋成無望廬舍將爲魚鼈民命喪於海濱勢着
瀝情叩乞仁慈俯念全圍稅糧之大民命之多亟賜金
批弔示禁止庶水道流通民安耕鑿國賴輸將通都頂
祝無旣矣並聯呈督撫司道衙門蒙准牌仰廣州府親
行踏勘後弔案會審詳報彼此呈詞連搆三年乃得結
案制府批仰布政司速委府廳兼同該縣及營汛星馳
到新築處所押勒鋤土還田計聯詞二十紙單詞五十
六紙并發

雍正五年丁未總督孔公毓珣奏請基圍之務責成於
官或動帑修葺或督率培補大中丞傅公泰又以海舟
堡之三丫隄基最衝極險蒙發帑釆石修築

乾隆八年癸亥李村海舟基幷決吉贊橫基水過基面復陷三決口先是四月二十七日漲決南岸圍自南岸之下左右圍基俱被腦項水沖決至五月初一日始決橫基其李村海舟基自行築復五月初八日各堡里排齊集鎮涌洪聖廟酌議堵塞橫基庶保晚禾每甲在戶民米六石起至十石止均要出夫四名竹籮四隻杉椿四條艇一隻其籮滿載坭土向缺口處所連椿墜下每艇又加禾草五十觔連築四日壓禦上流禾稻得以豐收九月初一日復呈懇撫憲王公安國仰司移道委妥員辦理具報十月初一日奉廣州府保爲基圍未固事據南海縣申稱桑園圍吉贊橫基地居上游實屬通圍

喉咽關係匪輕培築實難稍緩里民曾賢等各堡請合力鳩工按糧均築計圖久遠爲善後之舉第鄉村遼濶工力浩繁誠恐人心未臻畫一若非專員彈壓督理更虞呼應不靈荏苒觀望應聽道憲委員就近督理諭令圍民卽向旁坦取土趲工培築高厚再該圍自吉贊橫基之下則有庄邊林村民樂市藻美鄉至吉水竇一帶基址均屬低薄亦應着令各業戶按照原管基界一體自行加築等情當卽派委南海縣丞會同江浦司巡檢前赴該圍基督修仍嚴飭巡檢胥役人等奉公守法不得藉端勒索分文及船夫飯食銀兩如敢陽奉陰違察出立卽叅究隨於十月興工至十一月底報竣其告成

勒碑在　洪聖廟係江浦司周公尚迪撰文內載張何二公始建通圍基址基底一十二丈基面六丈兩旁餘地三丈吉贊橫基亦如之

乾隆四十四年己亥五月初九日潦漲連潰十八圍自波子角沖決澎湃順下漫溢吉贊橫基坍卸三口計長三十丈有奇各堡里排集佛子廟妥議論條銀起科認捐是年完築先是漲發洶湧西海旁九江堡仁和里崩決河清鄉基與九江枕界處崩決皆基主業戶自行築復李村天后廟旁基亦經搶救卸而復完皆賴搶救之力也

重修吉贊橫基碑記我桑園一圍向無基址遇橫潦靡有甯居宋時始於東西沿江建築圍基越數年復添築

閘堵橫基以除水患前則有大憲何公張公規畫於土繼則有義士傅民陳公等踵修於下其中經理源流建修年月基址廣狹高低上下界至詳勒前碑茲不具述保障無虞慶奠安者三十七年矣今乾隆已亥夏五朔西北兩江水勢浩瀚環繞通圍越五日三水波角崩陷湧漲下流初十日吉贊橫基水溢過面堵截維艱坍決三口計長三十丈有奇圍內早稻乏收房屋傾圮指不勝屈十有八日各堡啚甲集儒村鄉佛子廟酌議諸塞得蒔晚稻緣以倉卒防衛未堅基址低薄呈 憲給示就近委員督築在南北田圳取土由近及遠復論糧均派每兩條銀起科銅錢三百五十文以爲基工費是歲十有一月初四日興工歲暮告竣半載經營乃得如前鞏固念始創維艱接修匪易遂將原創廟宇增以深廣前座禋祀 洪聖王後座奉祀丞相暨歷代先賢廟右構小室一置田產募司祝俾歲時伏臘享祀無窮永誌甘棠之愛并將田產土名稅畝附錄於碑里人傳雲山謹記 督修官署南海縣江浦司候補州右堂蔡應芳

南海縣江浦司巡廳加一級陶秉鑑 總理何鴻堃

劉仁魁潘宗儒趙符彩曾翰元譚昭和吳章錦戴斐章

潘健和李殿昭 協理吳珮熙李貴參關深和

乾隆四十四年歲次已亥季冬、穀旦立石 據甲寅桑園圍志修

乾隆四十九年甲辰五月二十六日烏尾潭及李村黎家前基潰決本鄉附近自行築復

乾隆五十九年甲寅七月初五日西潦湧漲各隄潰決計二十餘處而李村決口坍潰至八十餘丈當督撫兩院奏准撫卹并蒙緩征乃巨浸雖退該堡無從措計適在籍温太史篔坡先生與薦舉孝廉方正何公榕湖聯集南順兩邑士民共謀修復並稱是隄自明初至今四百餘年潰決無慮十數皆張皇補塞迄無成功欲圖久安非通修之不可維時兩邑同圍共十四堡稟奉憲諭因稅定額每兩條銀起科銀七兩南邑十一堡若九江沙頭大同河清鎮涌海舟先登金甌簡村雲津百滘認

捐十分之七順邑三堡若龍山龍江甘竹認捐十分之三得五萬餘金以李肇珠梁廷光余殿采關秀峯總其事復各堡推出首事以爲副理先將李村決口築復計長一百四十五丈其餘通圍無論坍卸卑薄一律培厚增高經始於甲寅冬十月告成於乙卯年七月工竣之後并創建

南海神廟以崇禮祀旁祀歷來官斯土之有功於桑園者又嵘陳方伯沿隄履勘謂頂衝各處應需培石南順兩邑各堡復照原額添捐得銀九千餘兩分别險段堆砌完成然後全隄鞏固

原志載甲寅志陳伯方通修桑園圍各隄碑記溫少司馬通修鼎安各隄始末記里民藉固獻新呈

圍紳請留稽贊甫呈茲不重錄

嘉慶十八年癸酉五月初五日潦湧稔岡橫岡兩鄉基決三十一丈該鄉基主業戶自行科貲及借帑銀二千兩築復所借帑項全歸該基主業戶自還

嘉慶二十二年丁丑五月十九日西潦暴漲九江大洛口外基河清外基皆決海舟堡三了基因前伐稿木樹根霉廢以致滲漏坍卸經各堡傳鑼搶救不及冲決六十二丈水刷都爲巨浸緣海舟鄉高坵拒阻分兩支奔騰南出者原仲祠前因涌成潮北出者麥村旁天妃廟後因塘成潭皆深二三丈不等二十日水由東滿溢瀾翻吉贊橫基及沙頭堡基龍江堡基各有數決口並因

狂湧反出淹斃人命倒塌民房荷蒙督撫具奏委賢員撫
卹復責令該管海舟十二戶暫行圍築月基以救晚稻
十二戶紳耆請借　帑銀五千兩爲圍築月基工費
恩准十二戶分兩年帶征時在籍龍山溫少司馬深以
爲憂致書制府謂三十年來連決五次民困已極雖竭
綿力修復而塞此決彼力有難周況歲修徒爲具文並
無實項必知其受病之由方得救之之術否則憂未已
也會兩邑紳士亦聯呈籲恩賞　蔣部堂　阮制憲
陳撫憲暨司道府縣莫不撫字恩隆保障念切於嘉慶
二十二年十一月奏准借帑本銀八萬兩分十六年繳
還係交南順兩邑當商生息遞年除歸本外我桑園圍

得息銀四千六百兩推公正紳士管理以任歲修一面
飭我通圍十四堡照甲寅李村決口以條銀起科大修
例此次五成起科公舉總理羅思瑾岑誠何毓齡潘澄
江梁健翎承辦基務九月十七日開局在梁家祠派簿
認捐限期各堡陸續彙繳以應基工詎決口前通大海
後刷深潭勢難硬築經繪圖註說請示着令依月基旁
挑去浮沙換過淤土用牛踹練惟南湖十八丈水深二
丈餘當卽採買九龍山蠻石壘砌成堆用沙滲結旣成
復卸再卸再塡乃得堅實於基後啓排長樁三重然後
水風交激不能撼動隨可一律合施土工至嘉慶二十
三年二月基成土工先行報竣南湖基以水面計基底

十二丈其餘基底八丈或十丈基面一丈二尺圍外盡
壘纍石悉自水底壘砌起南湖基裏復傍石塊又至
六月石工始能報竣蒙　阮制憲委　徐分府履勘督
修暨　趙藩憲親臨基所指示章程萬民懽忭閤大合
更屢駐節惟周圍勘視無微不照通圍各堡所有患基
着令該鄉報明勘估即在該堡應捐項下照估扣畱支
該處紳耆培補報銷並飭首事於估價外細察全圍情
形應添土工石工之處悉力籌辦　九江廳李　江浦司章　常川到
局彈壓日役千餘人督辦不倦以至告成迨五月初旬
連日潦漲至十八日基不沒者二尺餘新基屹然無患
惟麥村旁舊基因塘成潭處所曾估銀培築該十二戶

紳士但在基外添潤其基裏陡企處未免從署即乘潦至雨多內坍十餘丈經麥村傳鑼各堡齊到搶救得以無虞六月初三日水退登即集夫赶緊培好先是十九日洪濤洶湧九江外基華光廟旁決去三丈搶救不及而大基安鞏無恙據丁丑桑園圍志修

原志載丁丑志圍紳陳書等稟照甲寅五折起科章程首事羅思瑾等稟明基工全竣呈溫少司馬後修隄紀茲不重錄

嘉慶二十二年十一月　太子少保兩廣總督阮公廣東巡撫陳公奏請借撥藩庫追存沙坦花息銀四萬兩糧道庫貯普濟堂生息銀四萬兩共八萬兩發交南海順德兩縣當商生息每月一分每年得息銀九千六

百兩內以五千兩歸還原借銀本以四千六百兩爲桑
園圍歲修圍基之費二十三年正月二十五日奉到
俞旨批准四月初一日發銀派當生息溫篔坡侍郎推
敎諭何毓齡舉人潘澄江爲總理二十四年正月設局
二月施工擇圍內吉贊橫基先登海舟鎮涌河淸九江
沙頭各險要基段先行加高培厚基脚衝激處閒壘砌
巒石八月工竣據已卯桑園圍志修
原志載已卯志溫少司馬來書茲不重錄
嘉慶二十四年邑紳郎中伍元蘭員外伍元芝各捐銀
三萬兩新會原任郎中盧文錦獨捐銀四萬兩將桑園
圍東西基吉贊公基險要工改建石隄餘各基段俱施

土工加高培厚呈繳　院司委余州牧佑勘條議章程詳辦督工委員顧金臺李德閏總理何毓齡潘澄江復相度吉贊橫基附近飛鵞山坳照址買受在岡背建築小隄歸附近鵞埠石鄉管理以防三水縣潦漲灌頂要害九月施工二十五年四月工竣奏　旨照禮部建坊例旌獎伍盧紳以

欽定樂善好施四字爲建牌坊於　南海神廟旁據庚辰桑園圍志修

原志載庚辰志阮制軍新建南海桑園圍石隄碑記買受飛鵞山地契茲不重錄

道光九年五月初三日西潦漫溢決簡村堡西湖村圍基二處南決二十六丈九尺深二丈四尺北決八丈五

尺深一丈八尺雲津堡藻美村外高田竇圍基決五丈深五尺仙萊鄉圍基決三十一丈深四丈五尺邑廩貢生伍元薇捐銀三萬兩築復并修葺東西患基又築復桑園圍上游蜆塘圍波子角決口簡村堡西湖村基奉派捐銀二千兩尚不敷銀二千餘兩係該基主業戶自行墊足工竣　總督李公具奏奉

旨賜伍元薇舉人　據縣檔冊修

道光十年四月十五日具呈桑園圍舉人張喬年明離照等呈爲基工獲竣聯謝　鴻恩事竊念桑園圍當縣治之西萬井毗連兩江環繞一十五堡之沃壤耕鑿時安萬二千丈之長堤藩籬有賴去年潦決補救維殷晚稻豐收快覩成效仰荷　仁憲勤思保障一時之捍災既切千秋之防護彌深諭於冬日分段大修舉人等以吉贊橫基爲通圍公基集同各堡公擬首事通力合作冬晴水涸無愆將事之期材備工堅必杜虛糜之弊復

蒙　憲勞親臨工次反覆履勘規畫周詳首事等知所遵循工程獲竣當　父師大人廑懷昏墊念切民依海隅蒼生俾資奠麗自今以始慶家室之相安長江非險思粒食之所自每飯不忘田耕召棣長涵膏雨之陰業紀蘇堤永護甘棠之蔭鞏苞桑於南甸螘漏深防登袵席於東瀛鼇波遠靖磐石之安歌誦於生生世世矣舉人等領過撥給伍紳捐修吉贊橫基銀四千兩所有收支工料理合分列報銷茲謹備册呈　電思啣環之願切更向日之情殷舉人等感激微忱敬　當聯呈鳴謝爲此稟呈　蒙　批據呈慰悉候轉報册存

道光十年四月十三日具呈桑園圍雲津堡仙萊岡業戶區大器等呈爲基工完竣乞　恩察核驗收據情轉報事切業戶　等仙萊岡　基於道光九年五月初四日被潦水冲決蒙　糧憲暨　前憲親臨履勘矜憐業戶等赤貧丁稀無力堵塞發給伍紳捐項番銀三千兩飭令搶塞決口遵於五月十八日興工六月初九日搶修工竣計搶築新基伍十丈零五尺共用工料銀一千八百四十四兩二錢三分當經開列工料支銷數目具稟糧憲暨　前憲委員核實驗收尚餘銀一千一百五十五兩七錢七分聲明留俟冬晴水涸將搶修決口翻築在案決口搶塞晚禾幸賴有秋迨至去冬飭將搶修新基翻築并將舊基加高培厚添砌石堤蒙委員　文太

爺勘明稟奉再發給伍紳捐項畨銀二千兩遵經購料雇工於十一月初一日興工蒙委員　文太爺同江浦司吳主時到督理立限完竣並蒙　仁憲暨　糧憲親臨指示工做章程伍紳亦親在工次董率業戶等有所遵循加工如法赶辦各工踴躍樂於趨事伍紳復加捐畨銀三百四十兩所有冬晴修築工程連搶修剩銀前後共領伍紳捐項畨銀三千三百四十兩均經業戶等備具領狀繳赴　糧憲存案又溢銀水銀二十五兩九錢八分七厘又拆回搶修杉椿除破爛及用回打新基水椿外剩椿賣銀一百陸拾兩零陸錢四分六厘共得銀三千六百八十二兩四錢零三厘折去抱築新基五十丈零五尺翻築新基長四十丈基底濶七丈面濶一丈五尺高一丈七尺舊基長一百一十二丈原底濶三丈面濶四尺高一丈四尺今基底培濶四丈基面培濶一丈一尺培高三尺新基一律底濶七丈面濶一丈五尺高一丈七尺新舊基共一百五十二丈新舊基外面基脚俱橫排地牛砧石一層橫石上新基加砌方砧大石六層舊基加砌方砧大石六層舊基加砌方砧大石肆層新舊基內面基脚俱砌大石一層石裏靠石椿練灰砂厚伍尺高與石齊石步另加灰砂墻高濶俱一尺六寸決口破冲成潭計濶六畝餘用砂坭填平工竣後復蒙江浦司吳主隨同　糧憲親臨勘驗無異一切收

支數目俱業戶等自行經理計共用工料銀四千四百
四十四兩五錢三分除支前後所領捐欵及溢水賣樁
共銀三千六百八十二兩四錢零三厘支銷外不敷銀
七百六十二兩一錢二分七厘業戶等係屬雲津堡赤
貧丁稀實在無力措支經附近並無基份之百滘堡捐
足交業戶等辦竣於道光九年十一月初一日興工十
年三月初五日工竣所有修築緣由及工竣日期理合
開列收支銀兩工料細數奉懇 憲恩察核蒙 縣憲
批候轉報
粘單附

道光十三年五月十七日西潦陸漲決海舟堡十二戶
三了基一百三十餘丈刷成深潭二百餘丈橫流東駛
東基被衝陷坍決者雲津十七處共長一百二十六丈
九尺簡村堡一處十二丈龍津六鄉一處九丈沙頭堡
十六處八十一丈八尺龍江堡三十三處一百二十一
丈二尺又河清九江甘竹均有衝決十二戶基主自借

帑銀四千八百兩築水基以保晚禾施工至再被潦衝刷弗成圍衆議照丁丑起科例減五成科捐銀一萬三千五百餘兩合十二戶自借與築水基前後共借帑銀四萬九千八百八十餘兩築復通圍各決口及通修東西各患基公推武舉李應揚舉人何子彬曾銘勳職員溫承鈞陳昌運總理基務工竣蒙　太子少保總督盧
公奏請
聖恩於桑園圍本欵歲修息銀扣繳還銀三萬九千二百六十九兩餘據縣檔冊修

道光十四年三月十八日雲南候補道鄧士憲候選知府鄧林主事何文綺溫承悌內閣中書張謙大理寺評事黃世顯陝西鄜州州同譚瑀教諭張喬年溫澤明舉人曾銘勳何子彬黃龍文明離照馮汝棠岑誠陳榮程

貴時洗文煥郭懋勳潘澍漳潘廷瑞潘佐堯潘士瑛何
淞湘李雄光梁澄心梁植生梁懷文潘漸逵梁策書關
景泰黃亨譚瑀郭培蔡詔黃之兔曾樑材鍾璧光潘以
翊武舉李應揚莫緯光職員溫承鈞陳昌運拔貢曾釗
副貢梁上清麥穎張士魁馮日初歲貢左龍章陳愈生
員關家駿張世光陳士麟明倫吳文昭譚彬譚靄元何
玉楫譚彥光陳嘉言程鴻漸郭傑李應剛胡積煇鄧翔
何如驤何作垣劉翰垣余暉超李業麥祥佳陳瑤錡張
清徽胡調德黎芳　梁起宗潘芳盧璋程翔萬潘以翥呈
爲基工告竣聯謝　鴻恩乞飭籌定善後事竊聞饑溺
載罹每切惟心之籲沉菑既澹亟抒堤首之誠振古如
斯於今爲烈某等桑園圍基處東西粵之下流扼八千
里之巨浸滔天夏潦須臾冒岸裹隄動地江聲瞬息排
山撼岳溯自趙宋逮乎　熙朝決溢頻聞築修壘紀惟
去年癸巳五月丁亥西潦殊昔衝決海舟堡三了基百
丈有奇歌興瓠子悵田園之已空人立艕頭悼室家之
俱靡加以黃熊悆虐颶母增威萬家鱗瓦競逐洪濤百
姓編氓痛隨逝水沉珪刑馬弗蒙河伯之仁囊土負薪
轉觸陽侯之怒斯固天心之樂禍亦由人事之未修伏
惟　宮保大人掞華摛藻世傳燕許文章掃妖盪氛人
仰范韓勳績清　明仁恕所至爭祝叔倫勇功智名到處
咸歌元凱茲幸　福星再曜節鉞重臨海角長城專倚

元老嶺東開府兼屬雄才値痛深創鉅之秋敷生死肉
骨之惠部糧連艘頓慰鴻雁哀鳴經武分麾坐使萑苻
斂蹟復軫桑園地大基段役煩俯借 四萬九千 帑項
圖築五百餘丈雲隄迭派重員屢蒞 諄命某等禀
憲裁而部署萬杵齊鳴合羣力而胼胝千夫並作計工
莫食節縮不憚維嚴櫨石釘樁經營聿求孔固役更五
月常恐隕越貽 羞成以十旬敬矢輿情謳謝既歌膏雨
不忘履霜乞沛 全恩剴飭圍衆續修志乘編纂章程
基分段落管護勿卸仔肩一費定要歸諸壯必淸主腦庶
二千零項疆畝普慶安瀾一十四堡紳民長登樂土禾
油 桑沃羣澆鄭國之渠蠶熟魚肥永頌傳祇之堰切赴
蒙 盧制臺批桑園圍爲西北兩江下游衝要數百里
田廬保障關係甚重上年潦水曡漲沖決圍基工鉅費
繁各業戸一時派捐不及經本部堂奏蒙 聖恩准
於藩庫借項興修分限五年征還歸欵自上冬開工以
來諸紳士與該府縣董率克勤前因春漲屆期未據報
竣本部堂昕夕焦慮今據禀報全圍一律竣 工極爲堅
實從此工程鞏固合圍士民永資利賴皆蒙 聖主
鴻施本部堂責司守土分所應爲諸紳士攜藻歸功毋
乃溢美諸紳士素隆聲望表率齊民惟願誠勉閭閻各
敦本業共護圍基是所厚望至志乘應 如何修纂段落
應如何分管並卽商定以垂久遠可也 吉藩臺批桑

園圍基上年西潦決口工段綿長修築爲難由司先借
發銀四萬九千兩餘選派首事經理開工以來在事之
人無不殫竭心力趕緊興修現已一律報竣從此長隄
鞏固永慶乂安深爲欣慰至以後如何定立章程分段
保護之處仰廣州府飭縣率同該紳士等妥協籌議具
稟察奪　李臬臺批據稟圍基歲事請飭修纂善後章
程仰廣州府查明辦理稟覆察奪　鄭糧道臺批據呈
基工告竣深爲欣慰諸紳士仰體　大憲借項卹災之
意共相努力得告成功從此闔圍受福永慶安瀾可喜
可嘉至應築石壩係不可少之工程現奉　督憲批飭
趕緊修築各紳士務須及早辦竣方爲全工完善其善
後章程應如何籌定之處仰南海縣飭令基總業戶人
等妥議熟商　期垂久遠可也　金府尊批桑園圍上年
被水沖決經　大憲奏蒙　聖恩借帑金修築諸紳
士等督率業戶人等實力辦理俾得迅速工竣永賴利
安實爲欣幸至志乘之如何續纂章程段落之如何分
管攤費仰南海縣卽速查明舊章及詳定分年還款定
限督同諸紳士等妥議稟奪　黄邑侯批查三了基素
爲桑園圍險要之區上年猝受非常之沖決口百有餘
丈計需工費浩繁仰蒙　各大憲念切民依准借帑金
數萬以倡修事關大工相度機宜運籌辦理本守土之
責今賴諸紳士設勸集資督飭羣工以興築實心實力

玆得迅速告竣可期一勞永逸共慶安瀾殊深欣幸其
於善後修志及如何分管段落編纂章程候飭各堡紳
耆會同各首事
等查議覆奪

道光十四年五月西北潦坍卸甘竹堡武營上灘頭圍
基一段武營下牛山基一段龍江堡河澎圍基坍缺十
餘口潦水倒灌至七月未築復圍紳在籍主事何文綺
温承悌等數十八呈請　督糧道鄭公檄行順德縣飭
基主業戶自行築復甘竹堡紳士業戶以牛山基腳崩
陷旋築旋卸十一月相度地勢於南約改築裏圍添設
水閘以裏圍代外圍爲桑園圍堵障下關十一月呈
糧憲行順德縣履勘興工　據糧道檔册修

道光十四年十一月順德縣甘竹堡紳士生員吳文昭
等稟爲遵諭稟明事現奉本縣扎開奉　大人批據桑

園圍紳士何溫　等赴轅呈稱本年五月潦水坍卸甘竹左灘武營上灘頭基一段係右灘黃姓左灘西約業戶應築又坍卸武營下牛山基一段係左灘南約業戶應築聯懇飭築等情生等係南約人已經遵諭於九月初八興工修築但查牛山基段基腳沖卸屢被西潦撼擊磡下成潭旋築旋卸不能鞏固生等相度成勢欲於南約涌內改築裏圍添設水閘此處浪靜波平左右有山夾護在水閘兩旁築至山麓不受波濤沖擊堵塞桑園圍下關實爲鞏固前於九月內經桑園圍紳士黃龍文會銘勳等到境親勘輿情允協並無異議今於十二月初一興工約於來春正月底乃能竣工至海旁基段修葺平正以利行人若再培土加高恐上重下浮必致崩墜理合稟明并繪圖呈上仰乞　憲恩俯准改築則羣黎咸沾福蔭矣奉

督糧道鄭　批據呈牛山基一段已於九月興工修築具見知務惟基腳屢卸該生等欲於涌內改築裏圍設立水閘是否輿情允協足資鞏固仰順德縣親詣勘明飭令妥協其海旁基一段應否無庸培高一并查勘具報毋違圖附順德詳文後幅云云等因奉此卑職遵於道光十四年十二月十五日親詣該處傳集該生吳文昭等查勘牛山基一段因基腳沖陷難期鞏固現據該生等於涌內改築裏圍設立水閘洵足以資保護查詢

士民輿情允協當已諭飭查照改築至海旁基段均已修築平正若再培高恐致上重下浮亦屬實在情形自可毋須再築云云

道光十五年五月西潦漲湧漫溢沙頭九江河清雲津簡村等堡圍基坍決十餘處俱該基主業戶自行築復沙頭圍基一千八百丈餘一律加高三尺龍江堡圍基四百餘丈亦並時加高

基段

案歲修喫緊全在基段分明如州縣管轄地方所管轄治具嚴明雖鄰封失事不相牽涉桑園圍自甲寅清丈相沿至今茲據之纂入至海舟堡丁丑癸巳兩次決口基段溢於前當詳載之

至各堡內鄉村又自各分段立界蓋附基水利租業係基主業戶所得今宜分晰某堡某處某段係某鄉村所管庶歲修救護得有專責也次基段

圍內各堡村庄竇穴經管基址丈尺

先登堡村庄

鵝埠石村　茅岡村　稔岡村　圳口村　横岡村

太平村　新羅村

竇一穴　在鵝石陳軍涌

堡內管基一千一百八十五丈八尺五寸

海舟堡村庄

李村鄉　麥村鄉　海舟鄉　田心鄉　新涌尾鄉

槎潭鄉　新村　沙尾鄉　良田鄉

竇二穴　一在李村黎余石三姓基　一在麥村梁

萬同基內

堡內管基一千三百零一丈一尺

鎮涌堡村庄

南村鄉　南村沙鄉　石頭村　沙田村　鎮涌鄉

烟橋鄉　河清鄉

竇三穴　一在南村尾　一在石龍村尾　一在鎮

涌村尾

堡內管基一千零一十二丈

河清堡村庄

河清鄉　璜璣鄉　丹桂村　南水鄉　蘇族村

竇二穴　一在河清村頭　一在河清村尾

堡內管基一千一百五十四丈二尺　另外圍基三百七十七丈五尺

九江堡村庄

梅圳村　李涌村　大正村　沙嘴村　龍涌村

新涌村　翹南村　侯王村　滙龍村九村屬北方

萬壽村　樂只村　太平村　洪聖村　西山村

大稔村　相府村　賢和村　敦睦村　先鋒村

上洪聖村　潭邊村　上游村　迴龍村十四村屬西方

墟邊村　艮村村　松岡村　壺東村　壺南村
沭滘村　九社村　趙涌村　小滘村　忠艮村村十屬南方
奇山村　沙滘村　藤滘村　大穀村　雙涌村
太和村　鬧邊村七村屬東方
寶三穴　惠民寶在南方鬧邊市　漁歌涌口寶
禾鯉涌口寶俱在西方今淤
堡內管基三千九百零五丈七尺　另外圍基一千
六百七十一丈六尺
甘竹堡村庄
甘竹鄉

竇無

堡內管基二百六十丈

百滘堡村庄

沙東鄉　黎村　吉贊鄉　庄邊村

竇一穴　在庄邊村

堡內管基二百零二丈五尺

雲津堡村庄

雲滘鄉　林村　藻尾村　仙茶岡村　曾邊村　石邊村　西岸村　竹園村　黃牛岡村　多墩村

竇二穴　一在藻尾村　一在民樂市民樂竇百滘雲津兩堡同管

堡內管基一千一百四十二丈七尺

按百滘雲津二堡基段交錯且有簡村堡及外圍基分攙雜其中頗難畫鴻溝甲寅志亦第畧舉大數載之自道光九年伍紳捐修奉　憲傳集業戶履勘分晰丈尺各業戶具結領修今據縣檔百滘堡堡內各姓合共管基壹百零捌丈壹尺雲津堡堡內各姓合共管基玖百陸拾伍丈柒尺肆寸另百滘堡潘[illegible]愚二祖雲津堡潘炳垣祖鋪面基共長叁拾柒丈捌尺玖寸另雲津百滘二堡公基連實共長叁拾肆丈柒尺又三鄉社學基肆丈捌尺又坐入雲滘兩堡基內之簡村堡李洪臯基貳拾

陸丈

簡村堡村庄

吉水鄉　東頭鄉　龍東鄉　簡鄉鄉　耕涌鄉　莫家寨　倫家寨　鳳岡鄉　綠洲鄉　高洲鄉　西湖鄉

竇一穴　在吉水西樵山脚

堡內管基五百六十五丈五尺

龍津堡村庄

坑邊村　沙邊村　逕邊村　寨邊村　山根村

岡頭村

竇二穴

堡內管基六百二十三丈

沙頭堡村庄

水南村　石井村　老村　北村　沙涌村　石岡村

竇一穴　在北村前

堡內管基一千八百八十五丈九尺

龍江堡村庄

忠臣坊　北山坊　龍江頭　長路坊　白社坊

竇無

堡內管基四百八十五丈

龍山堡村庄

陳涌　排涌　仙塘　沙富　岡貝　海口　沙洲

竇無

基無

大桐堡村庄

大桐鄉　蜆岡鄉　田心村　下田心村　石龍里村

閘邊村　廖岡村　富賢村

竇無

基無

金甌堡村庄

儒林鄉　岡邊鄉　小儒村　霍岡村

竇無

基無據甲寅桑園圍志修

防潦

案基段分明歲修旣勤其項衝極險及基身卑薄坍卸漫溢堪虞尤當視西潦到海之遲速以爲巡守圍基之緩急故防海塘者亦考究潮汐大抵西潦漲發每年自穀雨節爲始至立夏而長夏至而盛大暑以後至立秋少衰矣然必俟雲貴兩省水齊到巡基方可息肩則潦之爲患於圍基也特甚次防潦

西潦驟漲由數尺至一二丈有差來以一二日四五日而住五日以後必消其住以水流柴到爲候其消遇西

風乃急據南海縣志修

清明後潦必發而未盛由立夏屆夏至其發至暴其決圍基亦至急過三伏則少衰矣北江潦期視西江爲强弱北潦先至西潦未來驟來即消苟北潦能過思賢滘以西則西潦終歲晏堵若西潦先至未消北潦適來西潦尚能助北潦爲祟更或北潦方至西潦倏來滔天之勢朋比煽惑排山撼嶽所過莫當故講江防者不可不講潦期而期以西潦爲準能防西潦北潦可統而賅之據南海縣志修

歲清明節後穀雨節前遇小雨乍晴小蝦蟇當路族躍必有西潦至名曰頭江水魚苗隨之即至歷立夏小滿

節潦第隨至隨消於圍基無虞惟屆芒種夏至節潦最有力更值龍舟水端午節雨與磨刀水關帝誕雨雨助潦漲瞬息溢冒隄岸圍基潰決常在二節前後故俗有芒種朦根反夏至石頭流之謠謂潦勢急猛能拔樹衝石也小暑大暑立秋潦尚未已而決圍基則甚尠諺又以清明暗西水不離墈故測潦期恆自清明節始據南海縣志修

潦期預於前年十月自朔日始逐日黎明取水一瓶秤之日亭午再秤之以一日準一月黎明準月之初一至十四亭午準月之十五至三十如初三四水重則知明年三四月西潦到得早又黎明重於亭午則上半月潦水盛亭午重於黎明則下半月潦水盛即初一初二及

初十以後其所準之月不値西潦期候但是日水重則明年所準之月雨水亦多若初九水重明年節氣復遲九月輒有盛潦較其錙銖恆多奇驗據學海堂二集注儒林鄉魚苗經參修

潦之至與氣候寒暄風雨電光相因立夏後天氣漸炎暑届三伏而炎極然夜臥至五更乍寒徹曉三五夜如是必有盛潦又交立夏節歷小分龍四月二十日大分龍五月二十日有風雨驟起輒止名曰石湖風一名石尤每至在潮上時瞻西北雲起如蝻蟧脚瞬息卽至連至三日盛潦隨之漁人測潦當夜分西望電光卽預占魚苗來自何江水到以何日如椰慶動越三旬兩旬西潦之來必俟來賓水到

後其勢乃弱來賓柳州屬縣水遠而至潯南甯則兩旬旬半餘各遲速有差或電光遠則知過阧不來大抵電光高則來速電光低則來遲電光歷夜多則潦長電光歷夜少則潦短在西北角閃者有柳州水到在西南角閃者有大江水到其到約歷二十日爲期據南海縣志廣州府志九江鄉志修

搶塞

案每歲西潦長盛時有衝險及卑薄基段宜及早預買杉樁以備不虞脫巡防不支至於潰裂漫溢亟宜傳鑼通圍丁壯搶救免悞大事脫奔救不及至漫潰成決口旬日內基主業戶卽宜興議堵塞以保晚禾緫之圍基決遲一日受一

日之益塞遲一日受一日之害其利害須講於
　平日臨時方識重輕次搶塞
江潦之決圍基也歲自四月中旬始七月初旬止喫緊
在五六月餘潦不足慮也四月小滿節後是其一鼓作
氣之時也五月朔至六月望則再鼓而盛立秋節後則
三鼓而竭矣有基段專管業戶以其時於基岸公所慎
選老成持重紳耆任宿其中雇强健實心工役聽其指
揮畫段巡基椿縻竹笪之物早爲之具要險者四人巡
百丈平易者四人巡三二百丈四人更番巡視雖猋風
暴雨黑夜篝燈弗少懈稍有坍裂滲漏飛報通圍合力
奔救之卽猝遇悍潦必不使之肆其虐或風浪鼓擊震

撼基身則用稻秆葦茅及樹枝草蒿之屬束成綑把編浮下風之岸而繫以繩或伐大樹連梢繫之隄旁隨風水上下以破嚙岸巨浪巨浪勢堅綑把樹木勢柔堅物遇柔輒足殺其勢則巨浪止能排擊綑把而基晏然於內健役幫工却巨浪於外其附基腳池塘悉貯水令平岸以助內力雖有烈風莫之能害也據治水筌蹄元史河渠志修

圍基所由潰決也有數端臨河陡立無石壩沙坦爲之護多伐護基大樹收目前之利而根蘊蝕腐於中蛇竊鼠穴蜞孔徧蝕腹基不早爲之所其患每釀於一二年以前然亦無潦至驟潰決者必有坍裂滲漏爲之兆兆纔見鳴鑼遍告於衆環而救之多樹樁厚培土坍裂者

補滲漏者塞矣卽釀患已深潰決尋丈至十數丈及時籲趫捷强毅善其工者數十人畀以椿槩覘水之深淺爲長短丈至二三丈有差並駕農艇迎決口逆流密樹而救逆流高噴尋丈浪濤喧豗趫捷强毅者當之目不瞬而艇不移兩艇夾椿刺下一人抱椿末墜之入水一人站艇旁捉椿頭牽制之使不斜持錘者跨兩艇旁奮臂迅擊之一二擊而椿定三四擊而椿入泥五六擊而椿根固椿根既固入水者乃泅而出也一椿既樹持錘者立椿之頂用力益捷樹至四五椿以麻篾排繫之至十餘椿以杉橫押而竪絟之至三二十椿以西梔爲龍骨橫押其後而統繫之復以長杉揹挂龍骨而斜撐之

防潦猛搖撼之久而樁或漂折也樁之樹分兩層兩層相距由五尺至八尺爲率樁工方畢土工繼之實土於蒲包而塡之或以竹笪徧插樁裏而中以散土塡之樁裏徧插竹笪則土草間疊層下可也工則以速爲宜土工畢而水基成矣或決瀕西江圍基潦勢視北江酷虓數倍往往衝而成潭不能接決口舊基堵塞則相度基外內地勢爲彎而樹樁又名月基也凡樹樁以麻籛箍其頭而擊之則受錘雖多不禿裂錘之重可半伯斤也兩人輪持之與河工兩人舁擲之其功有遲速之殊一董理水基工程首事須要在決口業戶內揀選經理不可攙用外堡人因辦理工程本無甚難祇須實心實力博訪老練築基工人從事自無貽誤一攙以外堡之人業戶轉得藉口委卸而在外堡之人又以事非切已未肯

實心且首事非土著呼應不靈反致互相推諉必以觀望誤工矣　一築水基先要熟識地勢水勢之人察看決口情形相度周詳布置方位停妥然後擇日祭基開工以免歧誤　一先搭蓋蓬廠三座一爲官廠一爲首事棲止一工人棲止　一築水基相度地形水勢淺深分別買樁杉之長短最爲急着其杉總要四五寸尾堅好方合用其纜索蒲包亦要一齊買備因水基係趁水興築必要堅好樁杉排密整豎方可落泥否則泥被水衝散若樁杉需用太多一時買辦不及則分頭二三四五起採買俾得陸續運囘應用　一築水基要趁水未退時趕豎杉樁俟水稍退即要落泥方得快捷趕蒔晚禾若俟水退涸時始議豎樁工必遲悞矣　一豎樁工人須標字召募或計工定值或計樁數定值其價值多少或到首事廠面議或用標投以取值少者得開工之後勤者畱用惰者辭退　一豎樁工人要訂明竹篾藤纜橋板樁椎伙具等項俱要工人自已備辦方爲利便　一樁既豎下其露出樁頭高與基面平齊方能堵潦倘一時不得長樁至短只可低於基面一尺八寸太低則不能藏泥潦至不可堵矣　一豎樁必於直樁之後間豎斜樁相之若不豎斜樁相後則水易衝浮泥易堆側斜樁既豎又用橫樁押住用藤篾絟紮竹纜韋攬橫斜幫輔樁乃穩固　一樁頭修圓方不折裂樁尾削尖方

易入地要另雇木工治之不可由監椿工人包辦因木工值賤椿工值貴且用斧鑿椿工不如木工之精巧兩工分辦則價值廉而工速矣一椿未修削者放埋一堆已修削者另放一堆每日計工用去多少派人逐日查點晝夜看守方免疏失 一監椿工程畢即要趁勢落泥但基口尚有水出入初次所落之泥要用裝鹽新蒲包裝泥放落方不爲水衝去到水面之上可落散泥不必贅用蒲包但用軟竹笪牐住椿傍可防水湧矣

一招工挑泥要議明自備船艇鋤頭鎯篸傢具等項在近處取泥要按井論工計值過水取泥要論船艇大小計值 一監椿挑泥各工均以十二人爲一排內十一人在工次做工留一人料理該排飯食茶水等項按排編列字號以便稽查如稽查之人查出某排不足十一人做工即回明大廠首事登時到某排說明扣除工數如某排內有工人因事不到須於清早開工時候報明大廠標貼某排是日人數若干以憑支給工銀杜絕冒濫 一每日各工赴工次做工以大廠鳴鑼爲號昧爽鳴頭鑼食早飯天亮鳴二鑼開工日中鳴三鑼食午飯日入鳴四鑼收工如鳴二鑼不赴工者即行扣辭一董理首事要派開某人管數收支銀兩某人在廠同候官府迎送賓友某人分頭買辦各料某人巡察工人勤惰因才任事各有職司不可攙越混亂以專責成

基廠除董理首事之外所用打雜人等應計某項事情緊簡酌用人數多寡以分司稽察或稽察椿工或稽察泥工或稽察防守物料均有專責不可紊亂一工次每日各鄉觀探多人恐無分別所有稽察巡緝各工之人每人手執板簽一枝內書明稽察某項字樣常川巡查使各工一望知為督工之人不致懶惰一大廠董理首事每日飯食薪水茶烟等項須立畫一規條以示限制　據南海縣志修

圍基之決恆值禾蠶迭熟大魚上市新魚入塘之時使管基業戶搶救多三五日則基決遲三五日將禾之熟者剋期搶刈蠶之熟者以次上箔新魚速撈而遷大魚驟網而售商賈百貨羣輦而避居民衣服器械檢而高庋禽畜牢籠而飼也惟業戶惜椿縻之費靳犒工之需且慮搶救物料不繼圍衆索責馴致毀房廬以實決口遂坐視潰決諱不傳鑼大事迺去至圍基一決溺斃人

命衝塌屋宇傷敗禾稼其尤大者次即魚塘計每塘一口自正月去舊水換灌新水漚水餵魚草糞之需歷五六月塘耗十金第約畧舉耳魚之洶逸則未暇數他貨物漂失復難屈指搶救不力害竟如斯旣泆之後旬日內宜及早搶築有帑可借即領即施工無帑可借該業戶竭力起科慎勿覬覦各堡貲助遷延貽悞務保蒔晚禾桑早露抄發葉補供蠶事池塘岸出魚可再種失之東隅尚可收之桑榆苟越旬月不施工則前潦方消後潦續漲漲久功虧其爲害有不可勝言者據南海縣志修

有基叚專管業戶當盛潦之期椿縻竹笪畚鍤弗早備具猝遇不虞鄉鄰工役奔救徒手睪立如溉空釜而炊

張空拳而戰雖有智者其何能勝其或工役視救基爲虛文以冒領傭錢爲實事未至決口中塗輒返聞風杜撰委之力不能爲視悞基工者厥罪惟鈞更或奔救不及憤糧命不保乘勢搶掠事勢常有則是遣工役救基非有明幹公慎紳耆駕　監工堅明約束欲收實效夫豈易易據南海縣志修

或謂搶築水基必不能如大基並高苟前潦雖退後潦續發泛溢其面仍無濟於事且秋後築大基水基樁縻盡數拔起乃可施工豈不重費不若任其自然待秋高潦盡水落決口岸露乘勢并築大基費省而民不勞之爲愈吾應之曰內河小圍基捍禦田廬無多大圍基先

決雖搶築而潦無由消待秋高水落築之可也若捍禦西北兩江大圍基不先搶築水基則潦至輒灌入圍內勢同大海不特晚禾桑株不保洪潦淫雨迭乘爲虐民人露棲瓦面宅土無期暑濕熏蒸疾疫繼作何以處之海風煽威颶母播惡破屋溺命何以禦之至溢面之不足慮其易明者耳今試置缸貯水大雨時行豈不泛溢四出然其泛溢露缸口而止缸以內之水不能躍而出也則潦發泛溢亦露水基面而止不能躍而入也江潦不能躍入則基內之水將漸消且涸矣彼斷斷以不待潦平搶築水基防溢面爲慮非不知行水之理則有意悞基工者也據南海縣志修

修築內補載道光己丑伍紳捐銀二萬兩呈續捐九千五百兩呈捐收支總册

案搶塞水基不過堵築決口使潦再至不能漫溢俾圍内前受決口衝泛之潦易於速消以保蒔晚禾至水基所釘杉樁兩旁插竹笪中間只雜塡坭沙稻草令潦不能入而止非堅久之計到霜降後須拔起杉樁掘去沙坭稻草相度衝決潭湖之深淺或避前或避後或塡跨潭湖直築總在總理諸公諳練基務定奪機宜矢愼矢公如法堅築永資保障其各堡卑薄基段亦應乘時一律修補以杜後患矣修築

防河至堅之策隄底以八丈爲度面以五丈爲準高以

一丈五尺爲憑每隄一丈應用土九十七方半若底澗七丈面澗三丈高一丈二尺每丈亦用土六十方計每地一丈掘土六十方離隄三十丈之内不許取土其三十丈以外取土者每土一方用夫三工一百二十丈以外取土者每土一方用夫四工二百四十丈以外取土者每土一方用夫五工合遠近而牽算之大約每土一方用夫四工每工照例給銀四分（據靳文襄公經理八疏修）

土以方一丈高一尺爲一方然有上方下方之别焉有專挑兼築之分焉至挑河又有起土淺深之不同焉築隄亦有運土主客之不同焉其土方工値更有人力强弱之不同焉上方下方者以築成隄工之實土爲上方

土塘所取之鬆土爲下方也然一隄之中亦自有上方下方之別如築隄一丈則以平地起至五尺爲下方自六尺至一丈爲上方如築隄一丈二尺則以一尺至六尺爲下方七尺至丈二尺爲上方蓋築隄愈高則愈難故必先爲斟酌難易而等差其工價庶鋪底者不致以易而多取價收頂者不致以難而寡受値專挑者止挑去河身之土而不係築隄兼築者即用挑河之土以築防河之隄圭土者就近挑挖之土以所築之隄爲準客土者迤遠挑運之土以所起之土爲主據靳文襄公治河書修隄工取土有遠近故價値有多寡取土之遠者每土一方估銀二三錢不等取土之近者每土一方亦估銀一

錢四五分不等遠土或取之百丈之外或取於里餘之外最近之土亦應離隄二十丈及十五丈之外此定例也今見現築各隄即於隄根取土且於近隄一帶先挖下一二尺並將週圍剷平以作假隄希圖虛冒錢糧又舊例每堆土六寸謂之一皮夯杵三遍以期堅實行硪一遍以平整虛土一尺夯硪成隄僅有六七寸不等層層夯硪故堅固而經久雖雨淋衝刷不致有水溝浪窩汕損之虞今見各隄俱無夯杵止有石硪又自底至頂俱用虛土堆成惟將項皮陡坦微硪一遍以飾外觀是以隄項一經雨淋則水溝浪窩在在不堪隄底一經汕刷則坍塌損壞崩潰繼之故年來糜費錢糧迄無成效

自今以後加幫之隄俱將原隄重用夯杵密打數遍極其堅實而後於上再加新土創築之隄先將平地夯深數寸而後於上加土建築層層如式夯杵行硪務期堅固照依估定遠近土方取土加幫不許近隄取土亦不許穵傷民間墳墓據張文端治河書修

隄基工程元史河渠志有創築修築補築之別隄基坍卸掘舊土而重新堅築不易其址此修築也隄基卑薄不足資捍禦爲之加高培厚此補築也基決百數丈外水衝決口撞刷成潭欲照舊基左右隄岸接築則水深址浮不特工艱費鉅且恐落石而石滿則卸下土而土散則鬆勞而鮮濟須相深潭外內地址堅厚處或前或

後灣而築之爲偃月形爲眠弓形爲荷包形爲垂臂形爲半筐形爲勾股摺角形總因地勢長短深淺定局基脚濶十丈面濶四丈上狹下寬則基脚成坡而人之升下便也高一丈五尺爲率因水勢而增損之基脚兩旁用長椿密排竪樹兩重內外樹密椿四重椿內實以老土雜填以石錯綜作梅花點椿脚插滲浮沙則椿鏬逼固雖越久水不能入而揺也臨水之椿外壘石濶四丈石出水面則止內外復排樹密椿中舂灰牆一道濶盈丈灰牆外層築老土篩練用牛以其力厚而長且勻也基外坡脚上下砌石塊以殺浪濤之衝擊也基內坡脚悉壘石開築丁字土壟附基身欲其撐基之後捍禦益

有力也舊決口左右基嘴環砌䃺石為堤壩令其自成門戶則上流可殺卸而之中流也

一基工先擇吉日動土次擇吉日建醮完醮擇吉日祭基請督工委員該管地方主簿巡檢司主祭祭品用豬羊祭畢下鐵牛四隻然後興工刨土打樁下石　一基底或有高低不一先令工人將低者加工挑平使其一律每日插牌標記以便認看挑工之勤惰以定賞罰或有該段取泥泥遠者則須多加工人　一基身既約相等或投計泥井給工價可免督催之勞　一基底步位已定　一看基裏之地有水者先宜疏去免浸基腳且易取土　一基址若定宜先用鐵針遍插以探軟硬如軟則多打樁或稍移地段　一圍底最要慎跨湖恐底軟水深基卸難成似省實費更多　一開工以石為先招各處石船議定石價鹹水石每一百擔議銀一兩六錢正若新會白石每百擔議銀一兩三錢正若肇慶黑石每百擔議銀一兩二錢正凡各石以每塊在一百至二三百斤為率最小亦要五十斤以上不及五十斤者不得上秤仍要大七小三配搭秤右之後須聽首事指點安放停當各船有情愿源源接濟者初次於該船頭尾量准水則編列字號用紙單註明尺寸蓋上圖記實貼船裡下次輓運到步以原字號為准不用再秤以省

紛煩至秤石時如有賄囑以少報多查出將石銀罰去倘督理有暗中需索許船戶通知毋得隱匿作弊一石工除堆基脚爲坡若須砌者與石匠訂明運到盤起俟雇工砌起乃量石結銀計須多砌工不但免騙患而基亦更堅也一泥工人數甚多議以二十人爲一起每起要攬頭一人每工價銀一錢正仍由該堡保認以專責成或挑泥或搬運或舂泥及鈑桿淘灰等項聽從督理指使所有鋤頭犁犂每號要十五件大簍每號要十五擔擔挑鍋竈碗快柴火自爲預備開工之日在基廠交督理點明如有器具不足以及老弱年稚混充入隊不依指使一切斥逐一泥工人挑土嚴禁挑砂砂多則見水即卸基一泥工編列字號每號住寮鋪一間深濶約二丈每日開工聽大廠五鼓後頭旬鑼造飯二旬鑼食飯三旬鑼到大廠每號每人領腰牌一個始得開工中午鳴鑼食午飯復至晚鳴鑼一律收工日間督理不時稽察如有短少人數未經報明即行將該號斥革另招補充至收工時候將腰牌照人數繳回督理一開工之後遇有風雨難以施工即要鳴鑼齊收清晨至朝飯收工則算三分工清晨至中午收工則算五分工清晨至申一二刻收工則算八分工一工數人多要編列某號落泥某處某號取泥某處設竹牌懸起標明各工要掛起腰牌以便查點勤者分別獎勸惰者

即行革退　一各督工之人或派實監某字號或每日調換以免與工人習熟有循情之弊　一泥工督理不時稽察或於工人食飯時查點或各督工一齊傳工人查點聯查乃免一人應數字號之弊　一打樁或論条給工價或論日雇工亦可因論条計則有截斷一作兩或稱打不下將樁截短以圖易打大為要害須參用　一取土處所如係田畝則按井計算中打一杜至田面用字為號以免挑工作弊　一挑取田泥每井工銀遠以三錢六分近以二錢四分五釐為率　一載運沙泥需用船隻每船議以約載重二十五擔為額二人撐駕每日每船租銀三分每名工食銀照泥工算　一挑泥每日用牛踹練所挑到泥塊用工拷碎耙平然後牛練其牛隻預早招人租賃　一牛隻用得日子長宜買不宜賃賃牛則帶牛之人固懶於鞭行且恐傷牛須力催之仍羣立而無濟於事計兩月之租價已可足買價用畢仍可賣之甲寅年誌即買牛用矣　一牛隻踹練以三隻為一手一人帶牛每日人工牛工共銀七錢二分所有帶牛之人飯食以及餵牛草料俱在工銀之內分上午下午兩班自清晨練至中午放牛為上班作一日算自中午練至酉刻放牛為下班作一日算中間快鞭勻練不得私行放水其老弱牛母及牛牯仔概不取錄

一各官到勘宜先搭馬頭甬道官廠燈籠絲紬鋪墊

挑沙鋪路以便行走　一總局廠能搭在近施工之爲佳易於照應若基段長則另要間搭小廠以便督停歇　一搭大廠一座監督之人常川在此督理每發收腰牌登記字號設草紙大簿註明某處工數若泥井若干牛數若干午後先交總理所兌銀至晚攜同各攬頭到公所開支　一泥工每號牛工每號皆設小簿註明住址人數牛數艇數井數每晚隨同大廠督理之人交總理所註明某號數目用了圖記方得支銀完工之日繳回此部存核　一進支數每日開報一貼堂俾衆共見以免猜疑挪用之弊且易歸總出數　一倘有水沖骨骸宜即拾清早覓地安塟　據南海縣志甲寅圍志丁丑圍志修

河防志有創建石工甎工之法今粵東圍基甎工實未之見石工則有之求其堅久穩固須俟秋冬水涸日於基外照潮退至盡處水痕樹密樁以盛石石之度塊長六尺方尺鏨鑿平整在樁頂兩重層砌而上至基面止石之縫淨練石灰膠粘之每砌石二層內間一石加橫

石作丁字形以牽制縱石使石之後撐揹有力雖浪濤擊撞弗虞其震盪凹陷也基以內貼基腳掘下二尺碎椿重砌石式如基外基之中每砌石三層填以鑿口碎石雜攙以灰土用堅木杵之令碎石與灰土結而爲一則歷久水不滲墊不屋也若從潮上水痕樹椿石在基膞高凸處起砌一重疊上有縱而無横有外而無内潮上時潮流觀之屹然石隄觀則侈矣洪潦驟至石壓其上墈蝙於下上重下輕浪濤乘風撼齧非徒無益而又害之據南海縣志修

石工之基用徑尺長六尺大石在基外内四重層砌中實灰土碎石春至蝠結工程堅固無踰於此然基段百

數十丈或可爲之若延袤至千丈以外工料浩鉅力恐不繼且數十年後樁木霉朽則石必墮落修補亦不易易不如舂灰沙牆之爲愈其法視基面廣狹度中央掘隧道寬三之一築灰沙牆實之若基面寬一丈五尺則掘五尺之隧也牆址高底以冬月水涸潮退時掘至平水面爲準沙用四之二灰土各用四之一沙灰中恆有石子夾雜揀之務盡土則鎚之令成麤粒簸以禾篩沙灰土攪若一下於隧中厚盈尺密夯杵勻舂之旣融結擲銅錢於上試之錢跳而旋覆方可再下沙灰土也每層畢舂基兩旁並夯杵加築焉使與灰沙牆膠結爲一層舂至基面乃止如此則鼠不穴蛇不鑽蟻不垤蜞不

蛀蟄不陷浪濤擊撞之不墮裂苦雨久淋之不融卸而成坑也據南海縣志修

築隄之法余以唐張仁愿搶築三受降城之法築邳宿三百七十里不用翻工舊制則布五萬夫聯絡於三百七十里之中分爲信地編定字號萬杵齊鳴分之則爲各段合之則成長隄火爨蓬居不移而具遲速勤惰不令而嚴始以十萬金計終三萬成之便法也據治水筌蹄修

堵築決口工程最爲緊要自應博訪賢能方無貽誤試就李村大鈌口而論長一百三十餘丈其水深一丈有餘者計四十餘丈最難施工今擬基形畧爲灣入新基自北頭盤古廟起至南頭坡地圓眼樹止計長一百四

十五丈內上湖濶二六丈外水深一丈二尺內水深八九尺不等下湖濶七丈五尺外水深八尺內水深五六尺不等兩湖自下起築基底計濶十丈兩傍打密排樁兩層內外樁四層中實坭基仍點梅花石樁脚實以沙中外纍石濶四丈塡至水面上內外仍打密樁一排中間舂灰牆一道兩傍用牛𨣸練內外基裙分八字拷練堅實外裙上下鋪石以防水激內裙用石纍脚上面間築泥塍以護基身基面寬二丈北頭舊基外築石壩一道以卸上流所有工程務求堅厚鞏固至各處缺口亦應一體相度酌辦據甲寅桑園圍志修

原志載甲寅志陳藩憲倡捐石工告示茲不重錄

河工護隄之法其一栽柳臥柳長柳相兼栽植臥柳須用桃核大者入地二尺餘出地二三寸許柳去隄址約二三尺密栽俾枝葉搪禦風浪長柳須距隄五六尺許旣可捍水且每歲有大枝可供埽料俱宜於冬春之交津液含蓄之時栽之其一栽茭葦草子凡隄臨水者須於隄下密栽蘆葦或茭草俱掘連根叢株先用引橛錐窟深數尺然後栽入計濶丈許將來衍茁愈蕃卽有風不能鼓浪此護臨水隄之要法也隄根至面再採草子乘春初稍覆密種俟其暢茂雖雨淋不能刷土竊倣是法而行之粤東圍基距基脚三四丈之外土性肥饒者宜排栽茘枝龍眼樹間二丈栽一株此二果三四兩月

結子五六兩月成熟正當潦發之時業戶晝夜看守可藉以巡防基工其土性磽瘠者宜斬老榕樹麤幹每長八尺倒頭排種根株疎密照前式俾其枝秀發盤屈不上矗且榕樹枝葉茂密較別樹倍蓰擋禦風浪更有力又爲物不材而年壽居民無所利可永避斬伐之患若基脚臨水無坦者種茭葦當如河工法自脚至面又當栽草子禁芟薙也據河防一覽南海縣志修

原志載甲寅志通修全圍工程通修捐簽總畧丁丑志通修收支總畧己卯志歲修帑息報銷册歲修題助收支報銷册茲不重錄

丁丑通修仿土方例議估工費　一大決口係沖陷成潭者將其底面長濶乘井每井估土工銀五錢四分牛

工銀四錢四分另用椿處每長一丈估椿料銀二兩五錢　一小決口每井估工費銀八錢　一坍卸經搶救者現有打椿可據每卸一丈估工費銀四兩　一大坍卸雖未搶救而卸至基脚水面不能築復原址者應傍原基外培築每長一丈估工費銀八兩　一小坍卸每長一丈估銀一兩二錢　一頂沖單薄每長一丈估工費銀一兩四錢　一塡塘每長一丈濶一丈高一尺連牛工共估銀三兩六錢　一應斜撇塡濶處每長一丈濶一丈共估銀三兩　一滲漏處每長一丈估銀一兩四錢　另各堡所有患基公局如有餘羨查其緊要處所再行添補據丁丑桑園圍志修

原志載庚辰志委員余刺史勘估工程續勘估工程仲縣憲奉督憲檄飭情節辦理諭奉督憲催竣石工諭庚辰捐修收支總畧茲不重錄

道光六年八月二十三日廣東督糧分巡道夏　爲題銷事廣東省歲修護田圍基工程用過銀兩造册不符應令查明聲覆删減事准　藩司移開道光六年八月初三日奉　廣東巡撫部院成　案驗道光六年七月二十五日准　工部咨都水司案呈工料鈔出廣東巡撫成等題廣東省嘉慶二十三年歲修護田圍基工程用過銀兩題覆請銷一案道光五年十二月二十一日題六年三月十九日奉

旨該部察核具奏欽此欽遵鈔出到部該臣等查得廣

東巡撫成格等疏稱南海縣嘉慶二十三年分歲修桑園圍基用過工料銀兩請銷一案先准前撫臣嵩　會同督臣阮　查核具題准部咨覆查册開禾义基及沙頭堡堆壘蠻石並未開明高寬丈尺其石料斤重價值運脚核與嘉慶四年該縣册報修築圍基成案浮多其餘地牛石方砧石價值運脚銀兩並海舟堡等處土基積土每井斤重挑脚價銀土基用牛踹練每隻夫工銀兩及築勘後坭工糖膠車水夫工運椿撻椿撻石夫工等項查嘉慶四年該縣修築圍基成案册內均未開載應於原册內粘簽請明鈐印發還該撫轉飭據實查明分晰聲覆删減另造妥册送部具題核銷等因行司轉

飭遵照去後茲准督糧道移據廣州府轉飭南海縣申
據紳士何毓齡禀稱該基地當衝要基腳低窪常被水
浸坭土浮鬆若仍僅將蠻石照常堆下雖有樁木然地
腳未堅一經潦水沖刷勢必傾卸須將基腳浮土挖開
安放地步再砌方砧然後堆下蠻石用杉樁築俾地腳
堅穩方能鞏固第以用石頗多近處既無石山開採不
獨市價高昂亦且難於適用是以於新安縣屬之九龍
石山雇工採取議明石價并按程給與水腳令其如式
採鑿用船運至基所并雇民夫實力砌築將用過樁石
支過工費按日登記工竣驗收將用過銀兩實在數目
開列茲奉大部簽駁核與嘉慶四年收築成案未符伏

思嘉慶四年內係堵築決口要工內田地被淹水農民不能耕種急於落成雖有工項給發猶各自捐工以故應用地牛石方砧石價腳銀兩及土基築𥖁車水夫工等項議費無須開報且從前修築除給領官項及各民捐工外一切例價較之時價實屬不敷尚須按稅科派今此次歲修一切民夫均須雇倩因未便通圍科派亦難獨力賠墊只將支過工料實開報至於所用蠻石實緣各基腳地勢高低不等厚薄亦殊當日實係通融勻計切不能將逐段高厚尺寸分晰開報所開斤重亦屬實數今與例未符只得遵照刪減自行賠墊理合遵照改造清冊并將奉查各欵據實登覆伏乞轉請詳銷等

情據此伏查嘉慶二十三年歲修桑園圍基用過銀兩
原奏稟明在於各當商生息銀兩撥給銀四千六百兩
經前署縣仲振履照數發交首事何毓齡等收領令其
鳩工購料加意倍築總期工歸實用緣該首事平素習
讀老成可靠係由鄉民選舉經理只圖基工穩固不能
拘泥成式且歲修與搶修有間一切民夫均須雇倩是
以與嘉慶四年成案未符而核其册開挑土各欵雖從
前修築册內並無開報然究係修基必需之用並無揑
飾情弊其所開嘉慶二十三年歲修桑園圍基工程原
請銷工料銀四千六百兩今遵照指駁自行删減銀七
錢五分實請銷銀四千五百九十九兩二錢五分應請

准其照數開銷合將繳到工料細册詳請察核具題送部核銷其自行删減銀兩俟催解到日另詳咨報等情臣覆查無異除册送部查核外臣謹會同兩廣總督臣阮　恭疏具題等因前來查廣東省嘉慶二十三年歲修護田圍基工程先據兩廣總督阮　等奏明並據前任廣東巡撫嵩　將用過銀兩造册題銷經臣部查册開禾义基及沙頭堡堆壘蠻石並未開明高寬丈尺其石料斤重價值運脚核與嘉慶四年該縣册報修築圍基成案浮多其餘地牛石方砧石價值運脚銀兩並海舟堡等處土基積土每井斤重挑脚價銀土基用牛踹練每隻夫工銀兩及築磡後坭工糖膠車水夫工運椿

墱椿墱石夫工等項查嘉慶四年該縣修築圍基成案
册內均未開載應於册內粘簽註明鈐印發還該撫轉
飭據實聲覆删減另造妥册送部具題核銷在案今據
廣東巡撫成　等將前項修築護田圍基共原估銀四
千六百兩內删減銀七錢五分實請銷銀四千五百九
十九兩二錢五分題覆請銷臣　部辦理一切工程總以
例案爲憑今查册開禾义基及沙頭堡堆壘蠻石僅籠
統開報總長丈尺並未開明高寬丈尺無憑核算其地
牛石方砧石係用何項石料所開價值係照何例開報
均未聲明再查該縣則例並未開載松木價值即嘉慶
四年准銷成案亦無松椿名目今册開松椿每條銀八

分四厘無憑查核又查修築土基三段共用土一千零七十二萬五千二百十五斤估册內開每百斤挑脚銀二釐五毫核計祇應共用銀二百六十八兩一錢三分零四毫今册開共用銀三百八十六兩一錢五釐計多開銀一百七十兩九錢七分四釐六毫其土基需用牛隻夫工銀九兩亦係例案所無又查嘉慶四年准銷成案册內蠻石每井重一萬斤今册開每井重一萬一千斤較前案每井多開重一千斤計禾义基九江堡沙頭堡等處共蠻石一千四百九十井三尺九寸七分二釐一毫三絲每井多開重一千斤共多開一百四十九萬零三百九十七斤二分一釐三毫照現送册開每萬斤

銀二兩一錢五分核計多開銀三百二十兩零四錢三
分五釐四毫又查嘉慶四年准銷前案冊內蠻石每萬
斤價銀三錢五分又每萬斤每百里運脚銀三錢七分
運遠二百三十八里核計每萬斤運脚銀八錢八分零
六毫共計每萬斤價值運脚銀一兩二錢三分零六毫
今冊開每萬斤連運脚價銀二兩一錢五分較成案每
萬斤多開銀九錢一分九釐四毫禾叉基九江堡沙頭
堡等處蠻石按井核計共重一千六百三十九萬四千
三百六十九斤三分四釐三毫除較成案多開一百四
十九萬零三百九十七斤二分一釐三毫業已照現送
冊開實值另行核減外實計重一千四百九十萬三千

九百七十二斤一分三釐照成案價值核算每萬斤多
開銀九錢一分九釐四毫共計多開銀一千三百七十
兩零二錢七分一釐二毫又查嘉慶四年准銷前案册
內並無需用坭工及糖膠車水散工並運椿墪椿墪石
夫工今册開糖膠車水散工運椿墪椿墪石夫工共用
銀一百五十六兩六錢零七釐以上通共計多開銀一
千九百七十四兩二錢八分八釐二毫應於册內逐欵
粘簽註明鈐印發還該撫轉飭將應減各欵查明删減
其禾乂基沙頭堡堆壘蠻石高寬丈尺及地牛石方砧
石松樁價值係照何例開報應令一并查明聲覆以憑
具題核銷道光六年五月初二日題本月初四日奉

旨依議欽此爲此合咨前去欽遵計册一本等因到本
部院准此合就檄行備案仰司照依准咨奉
旨內事理卽便轉行欽遵查照將發去册開指駁應删
各欵逐一查明删減並將禾㕚基沙頭堡堆壘蠻石高
寬丈尺及地牛石方砧石松樁價値係照何例開報作
速一併查明詳請核辦仍將發去印册隨文呈繳毋違
計發印册壹本等因奉此合就備移過道希將移來簽
册轉飭南海縣遵照奉行指飭情節及册內簽駁各欵
逐一詳細查明據實删減聲覆並將禾㕚基沙頭堡推
壘蠻石高寬丈尺及地牛石方砧石松樁價値係照何
例開報作速一併查明册減聲覆另造妥合工料青皮

印册四本白皮印册三本連簽册申覆呈道覆核移司
以憑核明詳請
題銷勿任再有浮冒稽延施行計移册一本等因到道
准此合就札飭札到該縣即將發來簽册遵照奉行指
飭情節及册內簽駁各欵逐一詳細查明據實删減聲
覆并將禾乂基沙頭堡堆壘巒石高寬丈尺及地牛石
方砧石松樁價值係照何例開報作速一併查明删減
聲覆另造妥合工料青皮印册五本白皮印册四本連
簽册由府呈送本道以憑覆核移司核明詳請
題銷毋得再有浮冒稽延速速據糧道檔册修
道光九年五月十四日具呈南海縣廩貢生伍元薇呈

為桑園圍坡角等基被水潰決捐貲趕緊修築乞　恩
詳請辦理事竊本年五月初一日西江潦水漲發沖決
三水縣屬坡子角基圍腹盈溢潦水反潰於東又值北
江水漲以致桑園圍東邊吉水灣藻尾基仙萊岡基於
初四日漫溢沖決查桑園圍為南順兩邑要區周回百
餘里農桑田地一千數百頃圍基一萬餘丈當西北兩
江滙流之衝地處平衍水當歸滙全藉圍基保障圍基
一決則數十萬戸田廬悉成巨浸前於嘉慶十八二十
二等年兩經沖決曾經　生　兄元芝元蘭捐貲將西基及
橫基改築石隄十餘年獲慶安瀾卽今西基及橫基尚
無沖決而坡子角係在桑園圍上游該圍地居南三兩

邑田廬亦復不少坡角一決則桑園圍西海基雖堅固而水從坡角圍裏建瓴而下灌頂直衝洪流泛濫兩圍遂爲胥溺桑禾被淹房屋受浸避居高阜者席地而露宿散處原隰者架木以巢居似此情形若不及早修復勢必愈沖愈濶愈刮愈深將來堵塞更費周章轉瞬立秋不特早稻現已歉收土房被塌抑且晚禾將來失望磚屋皆傾唯此時被水兩圍人衆自顧不暇恐難及時興工即或勉强支持亦慮工程草率　生桑梓念切救助情殷情願措捐銀二萬兩以資工費趕緊修復桑園圍基及坡子角基決壞處所並將桑園圍東基增高培厚俾晚造田禾可望有秋並可保全現浸房屋而赤貧之

人或藉築基工作以爲餬口庶幾圍基鞏固永慶安瀾
理合呈懇 憲恩伏乞俯准與情詳請辦理及早興工
俾免遲悞如奉批准生當即遵將洋銀二萬兩稟繳
督糧道庫聽候隨時發給支應實爲公便呈 督糧道
廣州府 南海縣 據廣府檔册修
道光九年十二月二十日具呈南海縣廩貢生伍元薇
呈爲續捐築理桑園圍工費銀兩繳蒙分别撥
給乞 恩察核事竊本年五月西潦漲決三水縣屬蚬
塘坡子角基并決南海縣屬桑園圍吉水灣仙萊岡等
基生經捐銀二萬兩以爲搶塞修築工費稟蒙 恩准
並蒙 糧道憲 仁憲督同地方官及各委員臨勘發

給坡子角基銀二千五百兩吉水灣基銀二千兩仙萊岡基三千兩先將決口搶修堵塞餘銀留爲冬晴修築生經隨同委員督工搶修堵築嗣經吉水灣仙萊岡兩基搶修報竣所領銀兩吉水灣剩銀一千兩仙萊岡剩銀一千一百餘兩稟明留爲冬晴翻築兩決口之用坡子角所領銀兩因西潦復漲工費浩繁銀不敷支生經陳明續捐一千三百兩給與該處業戶收領辦竣搶修事宜又蒙於前捐項內另給銀一千兩砌築石隄後因搶修工未堅實尚須冬晴翻築堅固方能砌石其所發石工銀一千兩留存業戶候用隨於十月間冬晴水涸先奉飭文吳兩委員勘明桑園東基吉水藻尾民樂林

村庄邊渡滘吉贊橫基仙萊岡等處除決口外共長二千二百餘丈竇穴四口又龍津基六百餘丈東基共長二千八百餘丈坍卸裂陷不一而足均應修築而吉贊橫基仙萊岡兩基爲桑園圍全圍頂冲保障最險最要橫基長三百餘丈前雖砌石僅得其半本年劈陷六十餘丈仙萊岡基全未有石本年被水沖決兩基全隄均應加砌方砧大條石靠石裏面加椿灰沙數尺吉水灣新築基與東基近海險要之處亦應擇地加石竇穴四口拆去舊基改砌石條始能一律鞏固計東基通修連翻築決口除前給銀共剩銀二千一百餘兩外尚需銀萬兩有奇西基自鷺埠石起至甘竹止共長九千餘丈

其險要處所前雖已砌石隄本年潦水沖漲石隄坍卸甚多計鷺埠石圳口太平李村三丫基泥龍角禾义基西方外圍圓所廟下甘竹各處補砌石塊加築工料共需銀四千餘兩蜆塘圍蓬村上下蘇亞娘離符家社周家內外基當風頭蓬萊廟坡子角龍池橫基等處除決口外共長五百餘丈前雖砌石本年潦水沖漲石隄坍卸亦多該處爲西江頂沖最險決口砌石培應高厚方能抵禦通修舊基連翻築決口計需銀六千兩除現存石工銀一千兩外尚需銀五千兩除蒙 糧道憲 仁憲親臨履勘 生 亦隨同查看無異合計桑園圍東西兩基共長一萬二千餘丈決口兩處前後搶塞修築共估

銀一萬九千七百兩蜆塘圍基長五百餘丈決口一處前後搶塞修築共估銀九千八百兩合共需銀二萬九千五百兩前捐銀二萬兩不敷支應伏思蜆塘圍地處上游爲西海項沖險要西潦漲入直衝腹裏反潰於東建瓴而下則下游之蜆壳大艮大有大棚琴沙仙蹟杜滘桑園等圍均受沖刷而桑園圍爲南順兩邑要區週迴百餘里農桑田地一千數百頃圍基一萬餘丈當西北兩江滙流之衝地處平衍水當歸滙該圍一決則南順兩邑均受其災西潦全藉西基以爲捍禦西基中之圳口三了基禾义基西方外基尤爲險要北潦及西潦上游沖決全藉東基以爲保障東基中之吉贊横基仙

萊岡基更爲頂沖是蜆塘桑園兩圍一爲上游最險最要一爲下游最險最大兩圍完好則腹裏各圍俱可無虞前捐之銀現不敷支若令業戶科派不特力有未逮且恐有稽時日生雖住非同圍念切桑梓情願再捐銀九千五百兩俾數支應一面照數繳出聽候委員先行撥給各業戶領收取具領狀繳送存案庶幾得以及時趕辦悉臻鞏固永慶安瀾以仰副　大憲痌瘝在抱保民若赤至意除禀　各憲外所有續捐銀九千五百兩修築前後共捐銀二萬九千五百兩緣由理合禀候
仁憲察核實爲　恩便爲此禀赴據廣府檔册修

己丑捐修收支總册　廣州府南海縣知縣加知州銜
潘　爲造報事遵將道光九年五月間潦水漲發沖決

桑園圍吉水灣等處基口奉行支發伍紳捐欵修築及加高培厚各基銀兩數目分別已未報銷造報施行須至册者

計開

一桑園圍吉贊橫基奉發銀四千兩交紳士潘進等領收支用　一吉水灣基奉發銀二千兩交紳士潘進等領收支用　一仙萊岡基奉發銀五千三百四十兩交紳士潘進等領收支用　一簡村雲津百滘三堡基竇奉發銀四千兩交紳士潘進等領收支用　一九江西方外圍大基奉發銀八十五兩先後交紳士關鳴騶等領收支用　一九江西方外基奉發銀六百八十五兩先後交業戶關瓊業等領收支用　一九江堡大基荔菴祠前奉發銀三十兩交業戶關廣倉等領收支用　九江堡南方大基西岸社奉發銀七十兩交紳士梅履中領收支用　一九江堡南方南頭圍基奉發銀四十兩交紳士曾幹貞等領收支用　一海舟堡三丫基奉發銀四百八十兩交紳士李應揚等領收支用　一海舟堡麥村基奉發銀二百七十二兩交紳士梁植生等領收支用　一海舟堡李村基奉發銀六十兩交業戶李繼芳領收支用　一海舟堡李村李章等基奉發銀五十兩交業戶李章等領收支用　一海舟堡李村李復興等基奉發銀三十五兩交業戶李萬安等領收支用　一海舟堡李村黎余石基奉發銀二百三十兩交業戶黎友鯨等領收支用　一海

舟堡李村梁文濟基奉發銀四十五兩交業戶梁文濟等領收支用　一鎮涌堡石龍鄉基奉發銀六十兩交紳士何文經等領收支用　一鎮涌堡鎮涌鄉基奉發銀二十兩交業戶馮會等領收支用　一鎮涌堡禾乂
基坭龍角奉發銀一千兩交紳士何子彬等領收支用
一先登堡鷲埠石右翼嘴基奉發銀三十兩交業戶李遠蕃等領收支用　一先登堡鷲埠石鄉基奉發銀七十兩交業戶李遠蕃等領收支用　一先登堡太平鄉基奉發銀一百一十兩交業戶李金璋等領收支用　一先登堡太平龍坑基奉發銀五十六兩交業戶梁端進等領收支用　一先登堡圳口村基奉發銀一百八十兩交業戶李光昌等領收支用　一先登堡茅岡鄉基奉發銀二十四兩交業戶蘇萬春等領收支用　一先登堡茅岡鄉區偉雄基奉發銀九十兩交業戶區偉雄等領收支用　一先登堡稔岡鄉基奉發銀十五兩交業戶蘇芝之望等領收支用　一先登堡橫岡鄉基奉發銀一十五兩交業戶蘇志大等領收支用　一先登堡太平鄉李大成基奉發銀六十五兩交業戶李應中等領收支用　一雲津堡李村基奉發銀二十三兩交業戶李洪芳等領收支用　一龍津堡五鄉基奉發銀三十兩交業戶顏昌等領收支用　一龍津堡五鄉伍桂同基奉發銀一百二十兩交業戶伍桂同等領收

支用　一龍津堡岡頭墟基奉發銀三十兩交業戶顏
福安等領收支用　一河清堡河清基奉發銀八十兩
交紳士潘士琳等領收支用　一沙頭堡馮日初等基
奉發銀六十兩交紳士馮日初等收領支用　一沙頭
堡韋駄廟華光廟基奉發銀五十兩交紳士譚培等領
收支用　一甘竹埠甯墟基奉發銀二百兩交紳士黃
煥賢等領收支用　一塡塞吉水灣基一外潭穴奉發銀
二百兩交紳士張喬年等領收支用　一沙頭堡韋駄
廟等基又奉發銀九十兩交紳士莫緯光等領收支用
一九江西方外基之荔菴祠一帶又奉發銀八十兩
交業戶朱壯南等領收支用　一九江西方外基蠶姑
廟一帶又奉發銀五十兩交業戶朱壯南等領收支用
通共奉發給領銀二萬零一百七十兩　道光十年
閏四月二十四日

桑園圍歲修志　卷之八

章程

案基段分明各堡認眞歲修遞年依潦信巡防圍基自臻鞏固萬一西潦漲溢殊常巡防不及能如法搶塞修築失之東隅尚可收之桑榆惟基主業戶平時歲修巡防不能認眞及決溢之後又以自己田廬附近決口已受切近之災遂欲圍衆同受其害匿避諉卸觀望怠玩日久不從事搶塞修築遂至貽害痛深是以有乾隆十年里民馮世盛陳德昌等呈訴利專基諉奉　前郡侯金審結詳奉　院憲批飭遵照一槩茲通圍權宜共濟於基工蕆事日聯謝　憲恩呈請

飭定章程以垂永久奉　列憲批行　縣主率同紳士議定經議草槀於道光十四年四月日傳集通圍紳士在南海　學宮明倫堂妥議繕請　縣主通詳　列憲批允此屬至公至當爰仰承　列憲爲我圍熟籌善後至意并搜錄歷年舊章編載志乘俾圍衆畫一遵守永慶安瀾次章程

乾隆十年廣州府金　案奉　布政司納　憲牌乾隆十年十一月二十七日奉　巡撫都察院準　批據南海縣桑園圍里民李文盛等呈爲險基之衝割日甚乞飭照例均修以收成效事稱切蟻等桑園一圍載稅八

千畝生靈百萬家所賴圍基保固一有崩潰不分遠近

盡遭淹沒而圍内土名三丫基址當西北兩河洪潦之

沖夙稱險要非同别處緩基止因低薄或水刷割一經

修葺卽保無虞者生斯長斯深悉痌瘝是以數十年來

竭蹶工築力盡髓枯修無成效雍正八年蒙　前督撫兩

憲發帑委員確勘修理多置椿石堆護險處冀獲無虞

但因椿石無幾以致枕近上下仍然沖刷漸入基底巖

崖壁立目覩心寒不已去年七月内以再陳基圍痌瘝

等事聯陳　各憲請照豐樂圍之例於上流添築石壩

射水中流約費工料銀八千餘兩方能奏效乃上屢

憲懷荷蒙發帑一千一百四十餘兩

皇仁憲德固已浹髓淪膚獨是自勘估以來剷刷日深
即發之帑除裝運水脚之外所餘買石無幾以致投之
深淵誠如滄海之一滴不獨蟻等基工罔効且負
皇仁憲德茲若再請發帑添築恐貽屢瀆之咎第思通
圍基址即關通圍糧命原無彼此輕重之殊查乾隆八
年三月內經 前督憲慶 奏准 部咨一件移咨事
內開圍民修築土石各工自應令其按田出資均勻公
派毋致偏枯等因通行在案正與蟻等現在請修之例
相符且與先年吉贊崩基通圍協修之例相合但慮民
必怠玩非官莫應茲幸福星按臨隨車膏雨只得籲叩
憲轅伏乞飭行示諭通圍業戶遵照 部行定例按

田公派協力公築或建壩頭或堆基腳庶眾擎異舉指
顧工成則百萬生靈永沐帡幪之庇矣等情奉批圍基
關係百姓田廬理應及時修葺以資捍衛該處圍基現
應作何興築俾工程得垂永久而民力不致偏枯仰布
政司確查妥議通詳察奪毋違等因奉此查本案三丫
險基先據估報用石堆護工料銀壹千一百四十五兩
零詳　奏咨　部給項動修在案茲奉批前因合就飭
行備牌仰府照依事理即將桑園圍三丫基現在作何
興築俾工程得垂永久而民力不致偏枯之處刻日悉
心確查妥議詳覆以憑轉請　院奪慎勿遲違等因奉
此依奉轉行南海縣查議具詳去後茲據該縣詳稱依

卽備移署水利縣丞傳集桑園圍衿耆里老圩總業戶悉心公同妥議移覆核轉去後茲准署水利縣丞事神安司巡檢沈元龍牒呈內開當經移令江浦司傳集公同會議移覆茲准該巡檢韓士英牒稱隨據桑園圍里民簡村堡先登堡百滘堡雲津堡馮世盛等呈爲圍基久定成例修理各有專司懇賜回覆以免派累事稱切桑園一圍自宋徽宗四十一年有按院張　臨境訪察見潦水淹沒田廬上任後奏明奉宋徽宗命工部侍郎何　同委員督築蒙委水利道田　邑主王督令里民建築至四十三年工成將基分附近各堡圖甲業戶管理以專責成至吉贊橫基後因大路峽圍基被水

沖決田禾仍然淹浸遂添築吉贊間堵横基斷絶上流蒙委縣主同里民相踏吉贊岡嘴形勢狹隘中有沙心可以堵築卽令衆里民興工及築成議明此基十圖屬衆惟吉贊鄉各姓田業枕近築基取土畧傷其業凡有修葺俱不派及倘遇潦水漲發止要該鄉傳鑼通知十堡齊力防護詳奉批允飭行遵照此數百年之成例也今海舟堡里民李文盛等以一件險基沖割日甚乞飭照例均修以收成効事聯呈赴　上憲呈稱三了基址險要所領公帑一千一百四十餘兩不足修築懇照横基之例通圍按田派修等情奉行傳集矜耆里民圩總業戶人等公同會議妥覆仰見　各上憲明愼周詳務

使民情平允至意但桑園圍基址除吉贊橫基之外係俱分其海旁魚埠及新生沙坦悉爲各分管基分所得遇有低薄沖決亦爲各自修築卽康熙戊午年茅岡基崩辛巳年何步石基決就乾隆八年林村基決三處均係經管各鄉各業戶自行築修且乾隆八年十堡里民聯赴　上憲呈懇委員督修橫基蒙　藩憲議詳案内亦經聲明橫基之下有庄邊村民樂市草美各處基址低薄請併飭令業戶人等按照原管基址一體加築高厚共保無虞詳奉批行飭遵在案况海舟一鄉所管基址其魚埠沙租遞年約有三百餘兩自昔至今計其所得數萬有零得此利修此基理所當然今既蒙　上憲

奏請
皇恩給有公帑千餘如有不足乞着李文盛將歷年租
利添修務在鞏固以垂永久免紊成典庶基無藉推諉
則升斗之貧民亦不至受累事屬至公今遵會議據實
聯覆懇乞仁台賜文同覆百萬生靈頂祝鴻恩於無旣
等情據此又據三了基十二戶里民李文盛等呈爲黠
猾違例藐　憲推諉事稱切三了基險要屢厪　憲衷
蟻等議築石墹以垂永久奈苦於獨力不已去年十一
月十八日遵查乾隆八年三月內　前任督憲慶　部
咨一件移咨事內開其圍民修築土石各工自應令其
按田出資均勻分派毋致偏枯等因定例聯懇　撫憲

奉批圍基關係百姓田廬自應及時修葺以資捍禦今
該處圍基現今作何興修俾工程得垂永久而民力不
致偏枯仰布政司確查妥議通詳核奪毋違又經具呈
藩道二憲暨縣主在案均奉行憲查議在圍內十堡
業戶理應仰體 憲衷遵奉 部例協力興修俾工程
永久詎有簡村百滘先登雲津等堡李村一鄉馮世盛
等揑以一件圍基久定成例事具控內稱基分有附近
各鄉業戶管理以專責成等語不思桑園圍基計共六
千四百八十四丈如小修則責之附近業戶大修則通
圍論稅計丁如三丫基舊址被水沖割於萬歷四十八
年改築入內乃係十堡均築九江鄉志鑿鑿可查又混

指魚埠沙租忖魚埠一項舊基決沒水割墈深綴戚難
於下手其間或有或無況三丫基修理日久力盡髓枯
縱有亦湊支基工之用且從前埠租歸官今改爲蛋戶
何得藉爲推諉至基外海心沙乃通堡共承即李村麥
村李繼芳等已居其半況一撮之沙遞年輸納賦稅貧
民自食其力原非修基之業在馮世盛等詞稱成例乞
訊成例何在總之馮世盛等即部文所云黠猾之人偷
安推諉故揑成例以飾違例藐憲之咎耳似此黠猾基
工終難奏効只得聯呈叩台遵照大部奉
旨依議遵行定例通詳上憲飭令十堡照部例均修俾
基工指顧功成蟻等免受偏枯等情到司據此理合據

情牒覆請煩查照施行等由准此查圍基一項論稅均
修奉行皆然但桑園一圍最爲廣闊查據十堡里民馮
世盛等詞稱該圍自建築工成將基分爲附近各鄉名
堡圖甲業戶管理以專責成等情茲三丫基李文盛等
欲圖變易往例控牽通圍論稅派修將來各堡基址或
藉歧視勢必貽悞匪輕且各相互控訟無了日矣況案
查乾隆八年林村基分被決悉係該村業戶築復完固
並未派及通圍今李文盛等控稟前情似未妥協等由
過縣准此并據桑園圍十堡里民馮世盛陳德昌等稟
爲利專基誘叩乞押修以免派累事稱切桑園一圍西
海旁基上自何步石起下至九江鄉口計長三十餘里

自宋朝年間築成衆見圍闊人散修築恐有不及遂將此基分爲附近管理并將基外魚埠及海心各沙逐一分定使住此地將此租培此基久經成例如三丫基係屬海舟堡李文盛等十二戸分下管理海心沙地有四頃餘遞年租銀除納糧外計有三百餘兩沙鄰可問若果將利傭工年年培築何愁此基而不堅厚乃李文盛等兜收肥己致基比於莫問去年十一月內混以險基沖割瞞控　上憲批行司查司爺同覆在案李文盛等又以違例藐憲具控混稱小修則責附近大修則論畝計丁不思莘岡鄉與何步石鄉先年沖決基口二處皆係程雲芳等破家修復豈彼獨愚而李文盛等獨智於

西海旁基上下各鄉皆有分下專責皆有分下租利收利培基人無推諉基無危險豈彼拙於兜肥李文盛等獨巧於脫卸乎遞年魚埠名雖爲蛋而發批仍屬經管業戶伊等遞年租銀計有五千餘兩何得推爲或有或無三四頃之沙尚稱一撮尤見虎腹無饜且去年伊等赴領公帑亦止十二戶聯名並無商知通圍其爲名下基分顯然可見有此奸推只得聯稟叩乞嚴押修固毋使別處覬覦各相效尤數千萬生靈頂祝鴻恩於靡旣矣切赴等情到縣據此該卑職查看得江浦司屬桑園圍內海舟堡三丫基低薄添築一案現案　撫憲批據海舟堡里民李文盛等呈稱該基上接西北兩江洪潦

之沖夙稱險要數十年竭蹶工築力盡髓枯雍正八年
蒙 督撫 雨憲發帑委員勘修因椿石無幾仍然沖刷漸
入基底去年七月內聯陳 各憲蒙發帑銀一千一百
四十餘兩購石添築而所發之帑買石無幾但通圍基
址則關通圍糧命請照乾隆八年三月內奉准 部咨
圍民修築土石各工自應按畝出資毋致偏枯等因則
三丫基址自應通圍按畝帮修俾得與先年吉贊基崩
通圍協修之例相符等情批送 藩憲轉行查議作何
興築俾工程得垂永久而民力不致偏枯等因依經卑
職偕移水利縣丞議覆去後茲准署縣丞事神安司巡
檢沈元龍移據江浦司巡檢呈據十堡里民馮世盛等

呈稱桑園圍除吉贊横基前大路峽被水沖決添築閘堵横基議該基十堡眾修外其餘通圍基址原分各堡各鄉業戶按稅管理以專責成前經茅岡鄉何步石林村等基崩決俱係各業戶自行修築今李文盛等欲圖更易往例牽累通圍將來各堡基址勢必歧視貽悞基工等由牒覆茲據馮世盛等稟同前情到縣卑職伏查桑園圍基除吉贊横基十堡均修外餘係該圍各堡按照名下修築由來已久即如乾隆八年林村基決係該鄉自修報縣有案並未有派之通圍十堡今李文盛等因三丫基址單薄欲派通圍修築查奉文行圍民修築土石各工自應令其按田出資均勻公派係指各名下

所共基址而言今該基圍六千二百八十四丈一尺各
堡各有派定應修之基三丫基内止有海舟堡李文盛
等之田並非十堡所共之基自應李文盛等遵照往例
於海舟堡各田按畝數公派若牽扯各堡分修將來各
堡勢必效尤諉卸紊亂成例貽悮基工所關非輕無論
該基向有魚埠沙租遞年批佃可以抵補興修之費卽
現奉發帑項一千一百四十五兩零購石堆護儘可修
築間或不敷李文盛等自應於海舟堡各照名下基址
按畝捐築毋庸派之通圍以致滋事緣奉飭查事理是
否有當伏候本府核轉等由到府據此隨查與築俾工
程得垂永久而民力不致偏枯被水沖刷成潭現經會

否修固文內並未聲明然經批飭再加確查妥議詳覆去後兹據該府詳稱該圍三丫基向係海舟堡李文盛等管理前因被潦沖刷成潭經該縣水利各員詳請石塊堆護基身添堆石脚奉准　部覆動項與修在案乃李文盛等因工程浩大欲派通圍均築具詞上控奉行查議兹行南海縣轉據水利縣丞覆到府覆查分基修管原屬以專責成不得推諉悞工今三丫基向係李文盛等分管且有魚埠沙租遞年批佃抵補修築之費現又領項堆護完竣工料並無不敷應如縣議毋庸再派通圍致滋紛更舊例遞年着令海舟堡李文盛等照依原分基址修築高厚各保無虞等由前來本署司覆查

南海縣屬三了基既該縣府查明向係李文盛等分管修築未便派之通圍致啓分爭應如該縣府所議遵照舊例遞年歲修除魚埠沙租抵補外如有不敷飭令該里民李文盛等各按該基内田畝均勻出資派築及時培築以專責成以垂永久其餘各基仍飭令各鄉里民照原定界址分管培築至該基腳沖刷水深據稱勢難築塡惟有堆護基腳以保基身先奉准　部咨行令支給銀兩領回業已堆護完竣現在催取結詳請咨銷合并聲明是否允協理合詳覆　憲臺察核示遵緣由奉批如詳轉飭遵照原定界址分管培築仍飭令李文盛等不得藉詞推諉致干查究并將堆竣基腳作速委員

勘驗造具册結詳銷并候　督部堂批示繳合就飭行爲此牌仰府官吏照依事理卽便轉飭遵照將原定界址分管培築仍飭李文盛等不得藉詞推諉致干查究並將堆竣基腳作速委員勘驗造具册結詳送立等詳請　題銷毋得遲遲

原志載甲寅志通修公議章程茲不重錄

嘉慶二年十二月十一日布政使司莊　爲涌渠被塞立應疏復以資灌漑以利行人事照得南海縣屬桑園圍自乾隆五十九年間圍基被決淹浸兩月隄内涌渠淤積浮土一尺有餘嗣聞該處枕涌業戶有將自己田業挑去浮土堆出涌基被牛羊踐踏漸次卸落以致水

道不宣茲訪聞該圍自本年八月以後雨澤稀少灌溉無由晚稻雜糧被旱者十居三四現在蔬菜薯麥望水灌溉若不卽行疏復轉瞬交春卽應翻犂播種偶遇雨水缺少春耕必致有悮查溝洫涌渠乃田間水道向係鄉民業戶公衆出貲挑築使田業得以灌溉並得以利行人而枕涌之田亦得先受其益今該圍涌渠既被枕涌業戶挑土墊塞自應各按業戶田頭督令疏復原位除札南海縣及九江主簿江浦司查明該鄉渠橋梁淺窄者立卽督令枕涌業戶限本月望後起趁此天晴水涸之時各自行疏復一律寬深水性通流舟行利便事竣稟覆候委員前往查勘倘有不遵立予責處外合就

出示爲此示諭該鄉業戶人等知悉遵照速辦其各凛遵毋違特示據甲寅桑園圍志修

原志載丁丑志阮督憲札委催辦諭禁止沿隄種樹葬墳挖塘告示己卯志仲縣憲條議告示遵照條欵辦理諭奉督憲上緊修築札奉藩憲催發題落石札奉督憲催修稟覆諭總理何毓齡等稟覆採石章程庚辰志委員余刺史勘估工料詳文委員勘估工程銀兩稟茲不重錄

嘉慶二十四年六月廿八日具呈桑園圍紳士陳書等呈爲遵諭稟覆聯懇察案追繳事竊書等桑園一圍除吉贊横基不問工程大小俱係全圍合力修築外其餘各堡分段管落凡有歲修沖決係該管自行築復以專責成舊章可考毋庸諉卸卽乾隆己亥年吉贊横基及九江仁和里河清鄉崩決均各照向例辦理乾隆四十

九年李村基沖決八十餘丈業戶黎余石三姓丁不滿六百徭銀僅五十兩先自圍築搶救復行築復大隄通圍槩無派捐迨至五十九年僅及十載李村基復再決一百四十餘丈黎余石三姓仍復勉爲搶築緣大隄工程浩大力難復振相率求助圍衆因念三姓糧少丁稀遂議合力通圍大修按徭銀科派築復長堤及嘉慶十八年先登堡稔岡橫岡兩鄉崩決仍照舊例自行築復曾署有帮助亦聽各堡捐題該鄉所借帑銀五百兩亦經該鄉陸續歸還並無派及圍衆此皆李瑤等所共知共見者嘉慶二十二年五月內海舟堡三丫基沖決六十二丈係李瑤等十二戶經管沖決時伊等因銀兩不

及前後稟請借帑銀五千兩情愿具限繳還前台閆稟明　藩憲亦聲明現築月基據支出銀六千二百餘兩合議盡歸十二戸認捐自行歸欵外另估修決口工程通圍各堡併十二戸一體照數均派案甚明晰舊章不紊乃李瑶等己認圖翻逞其刁詐混行稟請所借帑項派入各堡地丁帶征荷蒙　仁台斥其事後諉卸富厚昧良洞悉奸詐各在案現在事關帑項奉行嚴催斷難少緩理合開列李瑤等認繳前後案由粘連呈　核伏墾　仁臺嚴飭李瑤等各姓業戸按稅出資或照丁口照派毋致帑項久延俾基務章程遵照成例以專責成萬世永賴為此稟覆　縣憲批卽飭李瑤等派繳

道光十四年十月二十七日雲南候補道鄧士憲候選知府鄧林主事何文綺温承悌內閣中書張謙大理寺評事黃世顯江蘇武進縣知縣程士偉陝西鄜州州同譚瑀江西南安府照磨郭惟清教諭張喬年温澤明舉人曾銘勳何子彬黃龍文明離照馮汝棠岑誠陳榮程貴時先文煥郭懋勳潘澍璋潘廷瑞潘佐堯潘士瑛何淞湘李雄光梁澄心梁植生梁懷文潘漸逵梁策書關景泰黃亨郭培蔡詔黃之晃曾樑材鍾璧光潘以翎武舉李應揚莫緯光職員温承鈞拔貢曾釗副貢梁上清麥穎張士魁馮日初歲貢左龍章陳愈生員關家駿張世光陳士麟明倫吳文昭譚彬譚靄元何玉梅譚彥光

陳嘉言程鴻漸郭傑李應剛胡積煇鄧翔何如驤何作
垣劉翰垣余暉超李業麥祥佳陳瑤均張濤巖胡調德
黎芳梁起宗潘芳盧璋程翔萬潘以翥稟爲桑園圍修
築善後章程乞　恩俯照前議各款核詳飭遵俾得奉
纂志乘以垂久遠事竊桑園圍三丫基於道光十三年
夏潦沖決荷蒙　大憲　奏奉
恩旨賞借銀兩修復工竣叩謝奉　督憲批飭志乘應
如何修纂段落應如何分管並卽妥定以垂久遠又奉
臬藩糧各憲暨　府憲　前憲飭將地段保護善後章程妥
協籌議稟覆各等因當查桑園圍基築自北宋東西兩
基向皆分段歸附近業戸經管該處有基分者謂之基

主業戶而附基之海利雜息亦歸經管之基主所得其基卽責成經管之基主保護修築各堡皆有派定基段分管保修章程一體無異唯吉贊橫基係通圍公基事歸通圍合辦段落詳載舊志歷久皆然遵經會同闔圍紳民悉心集議推究致患之由通籌保護之策或採舊聞或參新議段落分管則率由舊章以專責成遇潦沖決則因時權衡以應急變樁料籌於先事巡視謹於臨時董理務在得人修費歸諸實用基腳戒其侵削涌竇責以疏通合全局之情形酌公平之良法備具闔圍條議章程粘稟　前憲懇詳飭遵纂修志乘永遠遵照嗣因圍內沙頭九江各堡基分文於本年五月被潦沖決

致未奉　前憲核詳茲沙頭九江各堡本年被沖之基各經管基分之基主業戶悉已遵照前議稟案章程築復鞏固各無異論照此纂修志乘垂之永久則事不偏枯工可共濟平時自不懈於歲修漲決復無虞其推諉基臻鞏固民用大和共慶安瀾永叨利賴以仰副　仁憲暨　列憲子惠黎元之至意理合聯懇　憲恩伏乞俯准核定前稟條議章程詳奉飭遵俾得遵照纂修志乘以垂久遠實爲　德便爲此稟赴　計粘條議章程

一各堡基段宜循照舊章分管保修以專責成也查桑園圍隄基築自北宋東西兩基一萬四千七百七十二丈五尺向來分段歸附近各堡經管該處有基分

者謂之經管基主業戶遞年歲修保固以及夏潦沖
決築復水基大基例責該基主業戶自辦而附近之
海利魚步沙租雜息亦歸經管基主業戶所得以補
工費因隄基鞏固全賴歲修若非分段責成必致歲
修推諉歲修廢弛則基患多而沖決易分段經管所
以專責成而勤歲修通圍各堡皆有基分經管一體
辦理惟吉贊橫基係通圍公基始歸通圍公　立法
最爲妥善歷數百年無異乾隆十年間海舟堡里民
李文盛等推諉修築與各堡里民馮世盛等互訟經
奉　大憲飭蒙前任府縣各憲查議以桑園圍分基管
修原屬以專責成各堡各有派定應修之基議照舊

例分修詳奉　藩憲轉奉　督撫兩憲批飭遵照原定界址分管修築不得推諉等因案存　憲檔是以乾隆四十四年五日吉贊橫基與九江河清等基同時並決祇係吉贊橫基歸通圍科築而九江河清悉係經管基主業戶自行築復又四十九年六月烏尾潭及李村黎家基沖決亦係經管基主業戶自築惟五十九年甲寅六月海舟堡李村基沖決基主業戶黎余石三姓丁稀貧赤力難築復又值通圍基多坍卸眾議大修於是南順兩縣十四堡按稅起科銀五萬餘兩通修各基并帮其築復決口後嘉慶十八年五月圳口基決仍照舊章歸稔橫兩鄉經管基主業戶

自築二十二年丁丑五月九江河清外基及海舟堡
三丫基同時並決九江河清兩基經管基主業戶先
自築復三丫基主業戶亦自借帑銀五千兩先築水
基以救晚禾銀歸基主業戶自還後因通圍有借帑
生息以爲歲修之舉并因衆議修葺通圍患基仍仿
照甲寅年大修章程五成起科修葺通圍患基并帮
其築復決口至道光九年五月吉水仙萊兩基同決
邑紳伍元薇捐銀帮築吉水基除領欵不敷銀三四
千兩仙萊基亦不敷銀五百餘兩維時伍紳捐欵除
給吉水仙萊外尚有銀萬餘兩撥給全圍東西兩基
通修而吉水仙萊兩基不敷之項不准向伍紳捐欵

領足亦不准派之通圍仍照舊章責令基主業戶自
行整足歷有成案道光十三年五月三丫基沖決先
經基主業戶自借帑銀四千八百餘兩修築水基工
未竣復被水沖八月始行水退晚禾趕蒔不及荷蒙
大憲軫念民依奏准借銀四萬五千兩築復大基仍
飭令照甲寅大修四分之一起科修葺通圍患基所
借帑銀現蒙奏請
恩旨以歲修息銀撥抵歸款外餘銀五千餘兩歸通
圍南順兩縣各堡按稅畝分五年征還此係非常
殊恩自必永慶安瀾唯借大修幇築決口者係一時
權宜不能援爲常例應請飭令嗣後仍各照舊章辦

理除吉贊横基公修外其餘各基遇有沖決不論水基大基均歸經管基主業戶自行修築其或工程浩大基主業戶獨力難支亦責其趕緊先築水基以顧晚禾到冬晴築復大基時通圍紳士隨時酌量按其決口之大小工費之重輕基主業戶之貧富丁口之多寡因時權衡酌帮集事工竣仍歸基主保固倘通圍各基均有卸爛公同稟官將通圍應修基竇逐一勘估方照甲寅大修事例按南七順三論糧通派公舉圍内公明幹練紳士董理將估費交給基主業戶責令領修保固工竣由董理紳士核實驗收浮冒責賠若大修與築復潦決大基同時並舉將通圍應修

基竇與決口工程勘估劃清亦按決口大小工程輕重基主貧富丁糧多寡酌量責令基主於衆派外仍出工費若干然後歸衆帮築分別大修帮築辦理不得全借大修之名科銀專築決口致有偏枯俾基主業戶各有專責無所希冀觀望且各修己基工程可期核實財用不致虛縻庶使平時不懈於歲修潦決無虞其推諉於循照舊章之中仍寓因時變通之意隄基可保其永固矣

一備修工費銀兩宜禁濫用也查圍基鞏固全賴歲修保修工程責成基主業戶各基俱有備修雜息如果基主業戶每年於秋冬晴涸之時以備修公費各將

名下經管基竇隨時增卑培薄壘石築塡基無不固
之理唯查各堡附基產業水利及鄉中公衆租息每
爲無識耆老子弟把持留爲鄉内酬神演戲賽會酒
食之用或撥歸該處書院公費或據爲各姓祖祠蒸
嘗置基工於不問應請飭令嗣後該基段紳士不論
項險次險平易基段但有公項出息銀兩只可酌爲
圍基培土釘樁壘石要用不得分毫浪用别處如該
基段耆老子弟仍蹈陋習以迎神演戲酒食爲重將
鄉内公項浪用侵蝕以修基保障爲虚文許該處紳
士及鄰近基主業戸指名稟究更或因玩視不修以
致衝決潰卸該紳士立將賽神浪費貽悞基工之人

銷押解送重治其罪
一搶救樁料宜先事籌備也查遞年清明節後穀雨節前所有衝險基段即要在於該基主業戶先事籌辦公費買備一丈二尺以上三四寸尾杉樁百餘條一丈杉樁三四百條儲該基主業戶內公所預備搶救之用
一搶救樁料宜隨時稽查也查遞年清明節後應請札行該管主簿巡司按照章程於有衝險基段鄉堡親臨該基段處所查問該基主業戶是否照數丈尺買備杉樁親身點明如有不足數檄令刻期買足潦盛漲時復勤加查點如不遵辦或暫借杉樁飾點搶救

時杉椿全無立提基主業戶責究
一遇潦巡防宜雇選丁壯巡視也查遞年四月中旬起至七月中旬後係潦水盛漲之期應請札行該管主簿巡司於凡險要基段趁期嚴飭基主業戶雇選幹練丁壯巡視每基百丈雇五六人巡視稍有坍裂卽鳴鑼傳救倘有諱匿不傳鑼以致失事立將巡視人役治罪基主業戶亦予以雇選不力之咎
一搶救飯食椿料宜責基主備應也查遞年西潦驟漲基段防護不及猝被衝決傳鑼圍衆撥人前往搶救所有工役飯食應請飭令基主業戶供應不得躲避如基主業戶杉椿不備或杉椿僅備而躲避不出工

役飯食無人供應以致徒手枵腹立視衝決搶救無
從施力則貽悞糧命民命責有攸歸聽從圍眾稟請
押辦
一夏潦沖決宜責限基主堵塞也查遞年西潦驟漲固
宜竭力救護倘潦水過甚加以颶風大雨人力難施
致不能搶救三日水定後應請飭令基主業戶卽照
章程設法堵塞以保蒔晚禾倘故意匿避志存推卸
工程十日後尚不施工堵塞是失事於前故悞於後
不特晚禾不保而且決口日衝日濶堵塞更難通圍
紳士卽將該基主業戶稟官押辦
一通圍帮築決口宜通圍公舉外堡紳士協理也查各

堡分段經管之基遇有沖決工程浩大基主業戶貧
赤力難築復通圍酌量帮築應請飭令基主商請通
圍公議選舉外堡練達紳士殷戶在局帮同基主業
戶董理以昭公慎其外堡董理修金由基局公項支
銷至基主業戶修金係基主業戶自辦不得混支局
内公項俾酬勞之中微寓主客之别若不用通圍帮
築聽其自辦毋庸商請外堡紳士董理如遇通圍大
修工程一切修金飯食工竣報銷册結紙張經費俱
在公項支銷不得苦累董理紳士殷戶以示平允

一廟租銀兩宜撙節積存以備搶救也查　南海神廟
祀産沙田租銀照嘉慶元年　陳藩憲告示章程除

廟中遞年應支用外尚應存有銀兩嗣因管理未能畫一經於道光五年起復舊章程輪堡管理應請飭令嗣後倍加撙節冀積羨餘以爲遞年搶救修廟及通圍公事集會之用其神誕日期但許具牲醴鼓樂慶賀輪管値事及到行禮紳士具饍敍福其從前演戲及附近鄉堡紳耆分生胙之例一槩刪除如有頑劣紳耆霸管侵蝕肥囊通圍指名呈究輪管交代時如有交兌數目不清許下手接交三堡首事傳請通圍紳士聯稟追賠究治以杜弊端

一險要基段歲修宜責鄰堡稽查也查各堡險要基段凡遇歲修該基主業戸如果認眞辦理工程必臻堅

固無如各堡歲修廢弛卽奉官檄行修補亦置若罔聞更有探聞地方官臨鄉查勘卽雇道士禳祀書插興工符章以爲掩飾俟官勘驗去後毫無實事工程毋怪險要荒基每每沖決百數十丈馴致不救惟毗鄰鄉堡休戚相關耳目又近易於查察應請飭令每次歲修工程工竣之日責令鄰堡基主業戶互相稽查禁止濫給胥役結規俾不得藉行其欺飾浮冒之弊

一基外沙坦宜禁開建磚窰也查附近基外沙坦開建磚窰必多挖泥土供燒磚料漸傷基身卽基外海心沙坦開設磚窰必多堆貯燒成磚塊及備購一年燒

磚柴草格砌如山潦漲時中流壅水江潦不能溢過坦面驟銷且撤棄破裂苦竊碎磚積砌坦滑日積月累橫截江流激水衝射圍基爲害更烈應請嗣後飭行封禁現設者毀拆未設者永禁不必委該管主簿巡檢查勘致滋胥緣飾卸若海忘沙坦耕種民人建造廬舍雖不禁仍不得於坦滑圈築石基致分殺水勢激射沿江兩岸圍基

一近基池塘宜責塘主培築基腳也查圍基內外貼近開挖池塘種菱藕養魚苗及貼基開溝渠俱能傷害基身查魚苗塘貲本甚重遇潦魚即湧散故搭蓋塘寮住宿工伴常在池塘基岸照料養活潦至尚可藉

以巡管圍基至菱藕塘資本無多日久無人看守於
圍基有損無益但業戶輾轉買賣相沿日久遽行塡
塞殊有難行應請飭令冬間將基脚培築高厚俾得
有所稽查自定章程以後不得再有開挖違者查出
業主嚴究治罪其業充撥通圍公產至遇西潦盛漲
之時基内池塘水淺基外巨浪洶湧外内勢不相敵
基常因之墮陷並請每年屆期行知該主簿巡司親
行查勘飭令業主放水入池塘平岸滿貯藉水力幫
項基身庶不致於貽悞大事

一護基樹木宜禁砍伐並禁在基盜葬也查護基樹木
旣長大成材基主業戶若圖利擅伐變賣及樹蔸腐

朽圍基因之中潰如嘉慶丁丑海舟堡十二戸三丫基決六十餘丈係因該基主業戸斫伐藁子樹二百株賣錢別用越年樹藴爲白蟻蛀食通透致累全基驟潰載在丁丑志及碑記前車可鑒又附近基脚盜葬棺木日久蟻漏鼠穴卽從此開雖古冢舊基非其子孫自行遷葬者不遇衝決改築基段之時難盡強遷而後此倖盜添葬與擅伐護基樹木者應請飭行該管主簿巡司不時稽查禁止庶絶後害

一防護基身宜令多種桑株果木也查基外護基樹木相度土宜合種荔枝龍眼因此二果咸熟在五六兩月適當西潦盛漲之時業戸日夕看守卽可藉以巡

覦圍基但種果數年方得收成且有牛羊牧食之害應請飭令於樹木雜栽桑株固可以防範牛羊并可以先收資利且一望沃若於桑園圍本義名實相符若基外平坦無多宜任其多生細草永禁刈薙俾蒙茸纏固驟雨不能衝刷溝窩潦漲時風浪衝撼土不鬆卸更或基外並無平坦亦宜於基磡外多種蘆葦使叢生層疊自堪卸殺巨浪

一基脚内外宜禁耕犂侵削也查基脚内外多爲業戸侵耕以致陡削應請飭令查照舊基界培補完好此後凡有業戸犂耕鋤種毋論基外基内各要讓耕五尺許多不許少至基内外兩岸其相沿建造民屋鋪

舍者每畜牛羊豬母不自防閑任其成羣引隊沿基蹂躪踐踏最足傷壞基身與凡附近基段居民偷取護基石塊俱請一律飭禁

一分段經管基分宜用石板竪明界至也查各堡基段長短寬狹界至雖經備載前志亦間有竪石立界唯未一律齊全應請通飭各堡基主業戶一體用闊度石板書鑿某堡某鄉分管基段自基處起至某處止共若干丈尺其應禁傷害基身各欵亦照式用石板書鑿奉　憲嚴禁附近基身某欵某事如違稟拿究辦竪石基側俾圍衆咸知凜戒

一竇穴涌滘宜設法疏通也查各堡大基竇穴砌石結

築堅固方足以利宣洩而資旱潦若有於基根偷挖小竇戽水灌田潦漲時不及防範每多滲漏此例在必禁但西基自海舟先登兩堡基分疊次潰決以來浮沙迸潦衝駛圍内田畝積壓涌滘淺淤除兩堡不計外其西北之鎮涌金甌簡村雲津百滘河清大桐七堡壓淤爲尤甚其東南之沙頭九江甘竹龍山龍江五堡在圍中地處低窪又上游各堡竇穴少建不敷宣洩每遇圍基沖決塞水基後潦退出鄉内小圍基面水專由五堡涌滘消流潦水較西北七堡輒退遲二十日晚稻往往趕蒔不及桑株果木淹萎較多宣洩未能畫一查嘉慶三年　莊藩憲有改拓閘竇

疏通涌滘之示道光十年　阿藩憲飭行南海三水兩縣札諭縣屬紳士業戶於圍基內相度地方形勢應開建竇閘之處舊有而已被淤塌者着即疏通築復舊無而可資灌洩者着即籌欵新建壘奉　憲示洞悉民隱在案應請飭行各堡照示舉行但有新建竇閘必用長大方砧石砌築閘門用堅韌生松或紫荆木爲之務臻鞏固每年江潦漲發時候責該基主業戶派定閘夫若干名專司啓閉自毋貽悞如遇大修及有沖決基竇均一體照議定章程辦理又每屆圍基沖決及每年西潦漲發於潦退時候各鄉內小圍旣出出基面潦由涌滘流行每日僅消三二寸鄉

民宅土情迫度日如年而土豪匪類乘災罔利常於
鄉內涌滘津隘處所恣樹罭杙插裝箔簬括取魚蝦
橫截中流日夜不休匝旬累月以致潦消遲慢往往
貽悞晚禾又有該村庄於鄉堡內處下游於內圍基
岸上游開設水閘接裏海水以灌旱乾及遇圍基沖
決潦既退出內圍基岸卽將其上游水閘用土椿塞
待鄉鄰皆報宅土乃復開挖只求自己村庄潦退迅
速不顧上游村庄被他壅遏下流潦消愆期晚禾無
望均應請飭行永禁藉濟沉災
一禁詭糧飛寄以重徭役也圍田殷戶誠實者固多狡
詐者亦所不免現有業在本圍稅寄圍外另戶被人

控告有案至一二頃者惟此次紳士公定章程意在和衷共濟姑不呈究聽其畏法自行收割即便了事此後如復故抗及有效尤者定行集圍紳士聯名呈究決不徇情

一通圍志乘宜遵照奉行善後章程纂修以垂久遠也查甲寅丁丑及己卯捐修圍志不過總理值事收拾告示呈詞賬目彙抄刻板故告示照書辦抄貼欵式呈詞批語照狀榜欵式賬簿照登記欵式固蕪冗不成體例且所存章程多爲慳基卸工地步並未列纂修人銜名未呈請地方官鑒定殊非傳信之義茲待呈准善後章程後應公推圍內諳熟志書體例公正

可信紳士重新編纂書成之日請　大憲鑒定賜序
以垂久遠
一志書板片櫃藏遞交以重文獻也查向來圍志板片
無專責成易致遺失此次志成印刷呈送各衙門之
後即製架收藏交　南海神廟當年值事輪貯如有
印刷時其工料在　南海神廟租銀支出倘遺失朽
蝕責在　南海神廟當年值事賠刻
懇憲批候查照該紳等前稟條議該基圍善後章程詳
請　憲示飭遵

道光十四年十二月初三日署南海縣正堂劉　諭
桑園圍紳士等知悉現奉　撫憲發開據該縣詳繳
紳士鄧士憲等條議修築桑園圍善後章程候核示
遵緣由前來查核冊內條款開載通圍帮築決口一

欵內一切修金飯食工竣報銷冊結紙張經費在所不免殊未妥協合就發回到縣立將發回詳冊轉發該紳士等酌改再議另詳察奪至桑園圍尚有應修石壩各處至今未修該縣仍迅速督率該處圩業戶人等趁此冬晴水涸之際提緊修築完固冊稍稽遲等因奉此遵照奉發情節妥議酌改刻日列冊八本繳赴　本縣以憑轉繳該紳士仍即催令承修首事李應揚等將應修石壩各處趁此冬晴水涸之際趕緊修築完固具報均毋延悞速速

道光十四年十二月十九日桑園圍紳士鄧士憲等稟爲遵諭酌　改乞　恩據情轉請更正事現奉　仁憲諭開轉奉　撫憲　發據詳繳紳士條議修築桑　園圍善後章程候核示遵緣由前來查核冊內條欵開載通圍帑築決口一欵內一切修金飯食工竣報銷冊結紙張經費在所不免議在公項支銷立案尚屬可行至部費房費四字殊未妥協發縣將發回詳冊轉發該紳士等酌改再議另詳察奪至桑園圍尚有應修石壩各處至今未修該縣仍迅速督率該處圩總業戶人等趁此冬晴水涸之際提緊修築完固等因轉諭紳士等遵照奉發情節妥議酌改仍即催令承修首事李應揚等將應修石壩趕緊修築完固具報等因奉此仰見　大憲指示周詳無微不到至意

除應修石壩催令首事李應揚等趕緊籌議興修外遵將前繳章程第六欵開載通圍帮築決口一條內開一切修金飯食工竣報銷册結部費房費四字酌改紙張經費四字俾臻妥協緣奉飭改合將酌改緣由稟覆憲臺察核俯賜將奉簽發回原册酌改轉繳並懇轉奉各憲一體更正俾歸畫一實爲德便爲此稟赴

縣憲批候將章程册如稟更正轉繳

道光十四年十二月二十七日署南海縣正堂劉敬稟者案奉憲臺簽開據該縣詳繳紳士等條議修築桑園圍善後章程候核示遵緣由前來查核册內條欵開載通圍帮築決口一欵內一切修金飯食工竣報銷册結紙張經費在所不免議在公項支銷立案尚屬可行至部費房費四字殊未妥協合就簽回到縣立將發回詳册轉發該紳士等酌改再議另詳察奪至桑園圍尚有應修石壩各處至今未修該縣仍迅速督督該處圩總業戶人等趁此冬晴水涸之際趕緊修築完固毋稍稽遲速速此簽仍繳等因計發回詳一件册一本到縣奉此遵即飭據該紳士等將章程册內部費房費四字酌改紙張經費四字并稱應修石壩已催令首事李應揚等趕緊興修等情呈覆前來除於章程册內覆核更正外合將奉

發原冊同原詳文冊連鈞簽奉繳　憲臺察核俯賜作爲初詳辦理以省繁牘實爲公便　卑職謹稟

道光十四年十月二十七日海舟堡梁萬同石中藏大桐堡陳永泰洗派宗陳餘三林昌祚程章温徐九江堡關陞黃運興陳永安曾永泰陳聯宗河清堡潘永盛黎福曾沙頭堡鄧仕同崔維同老必昌盧萬春周遷程萬里莫銳鄧崔宏鎮涌堡梁建昌何斌簡村堡麥逢年何勝祖冼以進金甌堡陸萬鍾岑祖賦陳昌百滘堡潘燿璣張祖同先登堡梁觀鳳張嘉隆雲津堡張裕賦鍾鄧劉霍李羅祥吳祥黎子進甘竹龍江龍山三堡里民稟爲借項修築桑園圍三丫基決口乞　恩詳請分撥攤征還欵事竊桑園圍基築自北宋東西兩基分段歸附

近各堡經管該處有基分者謂之基主業戶遞年修葺
以及夏潦沖決築復水基大基例責該基主業戶自辦
而附基之海利雜息亦係經管基主業戶所得通圍各
堡皆有基分經管一體辦理歷數百年無異道光十三
年五月海舟堡十二戶經管基分之三丫基被潦沖決
當經該基主業戶紳士李應揚等請借庫項銀一萬兩
先築水基以冀救蒔晚禾工築未竣復被水沖趕蒔晚
禾不及該基主業戶李應揚等用去借款銀四千八百
八十四兩八錢八分三厘餘銀五千一百一十五兩一
錢一分七厘繳還　藩庫迨十一月冬晴水涸荷蒙
大憲軫念民依以三丫基決口工程浩大照常例全責

該基主業戶築復大基理所應然但春耕期速恐該基主業戶力有未逮轉致貽累通圍且通圍各堡患基亦應一體修葺復蒙　格外施恩飭照甲寅大修事例在通圍按畝起科銀一萬三千六百餘兩通修各基并准借庫項銀築復三丫基決口大基連李應揚等自借與築水基前後共借銀四萬九千八百八十四兩八錢八分三釐嗣蒙　督憲　奏請在桑園圍歲修本欵息銀扣銀三萬九千二百六十九兩八錢八分三釐尚欠銀一萬零六百一十五兩自十四年分限五年歸該圍按糧攤征還欵等因經　等稟懇　前憲詳請分撥攤征奉批尚未奉到

恩旨准行致未蒙詳請分撥攤還旋奉
恩旨准飭欽遵辦理在案又值桑園圍別基沙頭等堡
基分於本年五月　日被潦沖決而三丫基築復新
基尚幸鞏固茲沙頭等堡本年沖決之基已經各基主
業戶自行築復前借庫欵現屆按糧攤征之期庫項似
未便久懸伏查桑園圍借項　奏奉
恩旨應還銀一萬零六百一十五兩內四千八百八十
四兩零八分三釐本係三丫基基主業戶海舟堡十二
戶李應揚等自借興築水基並非通修築復大基之欵
應歸十二戶按糧攤還尚餘銀五千七百三十兩零一
錢一分七釐應歸通圍南順兩縣各堡按糧攤還又桑

園圍科修章程向來南海各堡着十之七順德各堡着
十之三現在應撥歸通圍攤還借庫銀五千七百三十
兩零一錢一分七厘南順兩縣三七分攤南海各堡應
還銀四千零一十一兩零八分一釐九毫順德各堡應
還銀一千七百一十九兩零三分五釐一毫理合稟懇
憲恩伏乞俯賜查照該基主業戶海舟堡十二戶及通
圍南順各堡應攤數目據情詳請分撥按糧五年攤征
還欵並懇備移順德縣知照實爲　德便爲此稟赴
大老爺臺前　恩准施行
縣憲批候據情轉詳並備移順德縣知照
道光廿四年十一月初六日署南海縣劉　爲據情轉

詳事現據桑園圍里民海舟堡梁萬同等暨大桐九江
龍江龍山等堡里民等呈稱竊桑園圍基築自北宋東
西兩基分段歸附近各堡經管該處有基分者謂之基
主業戶遞年修葺以及夏潦沖決築復水基大基例責
該基主業戶自辦而附基之海利雜息亦係經管基主
業戶所得通圍各堡皆有基分經管一體辦理歷數百
年無異道光十三年五月海舟堡十二戶經管基分之
三丫基被潦沖決當經該基主業戶紳士李應揚等請
借庫項銀一萬兩先築水基以冀救蒔晚禾工築未竣
復備水沖趕蒔晚禾不及該基主業戶李應揚等用去
借欵銀四千八百八十四兩八錢八分三釐餘銀五千

一百一十五兩一錢一分七釐繳還藩庫迨至十一月
冬晴水涸荷蒙　大憲軫念民依以三丫基決口工費
浩大照常例全責該基主業戸築復大基理所應然但
春耕期速恐該基主業戸力有未逮轉致貽累通圍且
通圍各堡患基亦應一律修葺復蒙格外施恩飭照甲
寅大修事例在通圍按畝起科銀一萬三千六百餘兩
通修各基并准借庫項銀築復三丫基決口大基連李
應揚等自借興築水基前後共借銀四萬九千八百八
十四兩八錢八分三釐嗣蒙　督憲　奏請在桑園圍
歲修本欵息銀扣銀二萬九千二百六十九兩八錢八
分三釐尚欠銀一萬零六百一十五兩自十四年分限

五年歸該圍按糧攤征還欵等因經　等稟懇前憲詳
請分撥攤徵奉批尚未奉到
恩旨准行致未蒙詳請分撥攤還旋奉
恩旨准飭欽遵辦理在案又值桑園圍別基沙頭等堡
基分於本年五月十四日被潦沖決而三丫基築復新
基尚幸鞏固茲沙頭等堡本年沖決之基已經各基主
業户自行築復前借庫項現屆按糧攤征之期庫項似
未便久懸伏查桑園圍借項　奏奉
恩旨應還銀一萬零六百一十五兩内四千八百八十
四兩八錢八分三釐係三丫基基主海舟堡十二戸李
應揚等自借興築水基並非興修築復大基之欵應歸

十二戶按糧攤還尚餘銀五千七百三十兩零一錢一分七釐應歸通圍南順兩縣各堡按糧攤還又桑園圍科修章程向來南海各堡着十之七順德各堡着十之三現在應撥歸通圍攤還借庫項銀五千七百三十兩零一錢一分七釐南順兩縣三七分攤南海各堡應還銀四千零一十一兩零八分一釐九毫順德各堡應還銀一千七百一十九兩零三分五釐一毫理合稟懇憲恩伏乞俯賜查照該基主業戶海舟堡十二戶及通圍南順各堡應攤數目據情詳請分撥按糧五年攤征還欵並懇備移順德縣知照等情到縣據此除分飭皁縣屬各堡業戶并移順德一體遵照外理合據情詳候

云云

道光十五年正月二十一日署南海縣劉　爲據情轉
詳事道光十五年正月十四日奉　憲臺札開道光十
四年十二月二十三日奉　署布政使司李札開道光
十四年十二月初八日奉　兩廣總督部堂盧批據南
海縣詳桑園圍基領修基費銀兩應攤各堡歸欵一案
奉批仰東布政司核明分飭遵照仍候　撫部院批示
繳又奉　巡撫廣東部院祁批同前事奉批據詳已悉
仰布政司核飭知照仍候　督部堂批示繳各等因奉
此並據該縣具詳到司查南海縣桑園圍基上年被水
沖決據該圍業戶先後共在司庫借給修費銀四萬九

千八百八十四兩八錢八分三釐本應遵照原　奏在
於該圍業戶分限五年按稅攤征還欵嗣奉
該圍業戸十四年秋收後旣有應繳緩征銀米又須按　督憲以
畝攤派借支修費同時並征實恐力有未逮奏請將動
支本欵息銀一萬六千二百六十九兩八錢八分三釐
就欵開銷又在本欵歲修息銀内扣收歸還借欵銀二
萬三千兩外尚欠銀一萬零六百一十五兩分限五年
歸該圍按糧攤征等因欽奉硃批允准在案今若以修
築三丫基工費銀四千八百八十四兩八分三釐責令
海舟堡内李應揚等十二戸自行繳還尚餘銀五千七
百三十兩零一分七釐始歸通圍南順兩縣各堡按糧

攤還核與　督憲奏奉
恩旨未符且查該圍界連南順兩邑地方遼濶載稅千
有餘頃按畝派科爲數亦屬無幾海舟一堡僅止十二
戸究竟載稅若干各業戸是否俱皆殷厚力能措繳不
致推諉延宕之處合飭查議札府飭縣卽便遵照將海
舟堡内業戸李應揚等確切查明該十二戸載稅共有
若干是否俱皆殷厚所借修費基工銀兩應如何着落
繳還方與　督憲原奏符合由該縣秉公確核妥議詳
覆核辦毋稍偏延致干未便等因到縣奉此卑職伏查
該桑園圍基久經分定段落歸各堡業戸分管遇有沖
決損壞槩爲該管基段業戸興修如嘉慶十八年沖決

該圍横岡基段及二十二年三丫基決均係管基段業戸按稅科修各在案上年該圍海舟堡十二戸經管之三丫基被決自應責令該管基段業戸按稅科修以符原案惟因工程浩大該管業戸一時科修無多仰蒙

各憲軫念民依誠恐有悞秋耕是以先後酌借該管業戸紳士武舉李應揚舉人梁澄心等領同工費銀一萬兩飭令趕緊修築未及興工旋値潦水復漲不能興築大基該紳士等議以先築攔水子基以期補種晚禾共用去工費銀四千八百八十四兩八錢八分三釐尚用剩銀五千一百一十五兩一錢一分七釐經該紳士李應揚等照數繳還　藩憲歸欵聲明另行籌議興築

大堤等情在案是所借前項銀兩係該海舟堡十二戶
紳士李應揚自借與築自己經管基段並非通修築復
該圍大隄之欵自應槩歸經管基段之十二戶按稅攤
還且前此會據該圍里民公呈該圍基各有段落各還
各欵等情今以李應揚等自借之項責令自還尚似與
督憲奏奉
恩旨並無不符至該圍基段業戶無論殷實與否向來
均係責成經管業戶按稅起科自行集資修築上年借
動庫項已屬格外體卹統計該圍先後共借給修費銀
四萬九千八百餘兩應攤之欵復蒙　督憲尚恐民力
拮据奏准於歲修本欵息銀內扣出銀三萬九千三百

餘兩免其攤征更屬體卹中之體卹各業戶應如何感
激
皇仁該武舉等係地方紳士更應倍加感奮所有該武
舉等自領興築自己經管基段銀兩應請俯照原詳該
圍里民公呈以修築三丫基工費銀四千八百八十四
兩八錢八分三釐責令海舟堡內李應揚等十二戶依
限攤還歸款尚餘銀五千七百三十兩零一錢一分七
釐則歸之通圍南順二縣各堡按糧攤還湊足一萬零
六百一十五兩之數以免懸宕而洽輿情是否允協合
將查議緣由申覆　憲臺察核俯賜轉請查辦實爲公
便爲此備由具申伏乞　照詳施行　一申本府

道光十五年三月初四日署南海縣劉　諭桑園圍各
堡紳士業戶知悉現奉　藩憲札開道光十五年二月
十一日奉　巡撫廣東部院祁批據南海縣武舉李應
揚等呈稱切武舉等十二戶去年五月內西潦漲發將
圍基沖決百有餘丈荷蒙　列憲親臨履勘飭令武舉
等趕築水基以救晚禾武舉等卽向　各大憲聯呈請
領歲修息銀荷蒙恩准武舉等當卽旋里打樁培土詎
意功將成而復潰者再是致三築乃成共用去銀四千
八百餘兩迨築決口及圍內請領並蒙撥欵前後共發
給銀四萬九千八百八十餘兩經蒙　督憲　奏請在
桑園圍歲修本欵息銀扣回三萬九千二百六十九兩

餘尚欠銀一萬零六百一十五兩欽遵
諭旨自十四年起分限五年歸欵該圍按糧攤征每年
征解銀二千二百二十三兩欽遵在案矣有以里民梁
萬同石中藏等瞞稟縣主通詳云所欠一萬零六百之
數內要先派四千八百餘兩歸十二戶其餘五千七百
餘兩始派通圍等語此意實與 制憲原 奏不符又
云遞年修葺以及夏潦沖決築復水基大基例責該基
主業戶自辦等語查舊日章程雖係各堡基每遇有沖
決坍卸責令該管基主自行經理但此指小費而言若
千兩以上則派之通圍志有明文矣以十二戶受災獨
深共計田稅五十五頃四十三畝九分一釐除水沖沙

壓四十一頃八十二畝零三釐九毫六絲實剩田稅一十三頃六十一畝八分七釐零三絲經蒙前縣憲黃親臨履勘屬實在案其民房倒塌者十之六七所有十二戶村場卽有方寸餘地亦已盡行挖土培基竟不成爲村落矣現有天后廟上下一段患基正月時業已修築用去銀一千餘兩玆又復興工修築緣五月時西潦漲發在基局內發出銀五百餘兩不分晝夜搶救僅保無虞此項銀兩業已稟追在案今旣要科派塡還此欵又要科派修築圍基重重科派實在維艱倘復加以里民梁萬同等所稟四千八百之項則十二戶之民何以聊生只得瀝情叩赴臺階伏乞大人鑒此苦情請照原

奏恩施格外將里民梁萬同等所稟四千八百之項派之逼圍俾十二戶之窮民不至流離失所則感再造之
恩於生生世世矣等情奉批查上年十一月據南海縣具詳里民梁萬同等呈議攤桑園圍借款項內據稱共應還銀一萬零六百餘兩內四千八百餘兩係海舟堡業戶李應揚等十二戶自借興築三丫水基並非逼修築復大基之欵應歸該十二戶按糧攤還尚餘銀五千七百餘兩始派逼圍南順二縣三七分攤等情業經批司轉飭知照在案如該所議未協該業戶因何並不及早稟縣查辦迄今數月之久忽以攤派不公諉之逼圍究竟此項借欵銀兩應如何分別按糧攤征還欵以昭

平允之處仰布政司速飭南海縣傳集各堡紳業人等
諭令公同妥議稟覆立案事關帑項毋任諉延干咎等
因奉此查本案先據該縣具詳奉　兩院憲批司當查
桑園圍基上年被水沖決據該圍業戶先後共在司庫
借給修費銀四萬九千八百八十四兩八錢八分三釐
本應遵照原奏在於該圍業戶分限五年按糧攤征還
欵嗣奉　督憲以該圍業戶十四年秋收後旣有應繳
緩征銀米又須按畝攤派借支修費同時並征實恐力
有未逮奏請將動支本欵息銀一萬六千二百六十九
兩八錢八分三釐就欵開銷又在本欵歲修息銀內扣
收歸還借欵銀二萬三千兩外尚欠銀一萬零六百十

五兩分限五年歸該圍按糧攤征等因欽奉硃批允准
在案今若以修築三丫基工費銀四千八百八十四兩
八分三釐責令海舟堡內李應揚等十二戶自行繳還
尚餘銀五千七百三十兩零一錢一分七釐始歸通圍
南順兩縣各堡按糧攤還核與　督憲奏奉
恩旨未符就經札飭廣州府查議詳覆去後茲奉批前
因合就札遵札縣速即查明所借修費如何派征傳集
各堡紳業人等公同妥議章程由府核議詳覆赴司以
憑詳明　院憲立案毋稍偏延滋訟等因奉此合就諭
飭諭到該圍各堡紳士業戶人等立將武舉李應揚等
呈控前情查明所借修費銀兩應如何派征刻日公同

妥議章程稟覆　本縣以憑轉詳立案毋任偏誘滋訟
速速特諭
道光十五年五月初一日具呈桑園圍紳士雲南候補
道鄧士憲候選知府鄧林主事何文綺温承悌内閣中
書張謙大理寺評事黃世顯國子監學錄黃漸逵江蘇
武進縣知縣程士偉江西南安府照磨郭惟清署湖南
桑植縣典史余際平教諭張喬年温澤明舉人黃龍文
郭樾勲陳韶何松湘李雄光潘漸逵梁策書關景泰鍾
璧光武舉莫緯光朱麟職員温承鈞黎大驄陳茂槐高
志超黎達成吳作琦張紹先老藝英拔貢曾釗副貢梁
上清麥穎張士魁馮日初潘澤樞潘延齡歲貢趙允顯

左龍章陳愈監生何隆清陳瀚書程楫郭振傳文森郭
艮郭鍾鋯郭衍光洗大經生員關家駿張世光陳士麟
明倫吳文昭譚彬譚靄元何玉梅何蒼霖陳華澤陳嘉
言程鴻漸郭傑李聯魁李應剛胡積煇鄧翔何如驤何
作垣劉翰垣佘暉超李業麥祥佳陳瑤鈞張清嶽潘爲
霖黎景湻潘友信潘堯封潘瑩清譚顯龍潘麟徵潘文
珮潘文瀚胡調德黎芳梁起宗潘芳盧璋程翔萬潘以
翥潘儀端潘翀漢武生岑鳳揚陳廷綱程錦泉業戶海
舟堡梁萬同石中藏大桐堡陳永泰冼派宗陳餘三林
昌祚程章温徐九江堡關陞黃運興陳永安曾永泰陳
聯宗河清堡潘永盛黎福增沙頭堡鄧仕同崔維同老

必昌盧萬春周遷程萬里莫鋭鄧寉宏鎭涌堡梁建昌
何斌簡村堡麥逢年何勝祖冼以進金甌堡陳萬鍾岑
祖賦陳昌百滘堡潘耀璣張祖同先登堡梁觀鳳張嘉
隆雲津堡張裕賦鍾鄧劉霍李羅祥吳祥黎子進甘竹
龍江龍山三堡里民等呈爲遵諭公同議覆乞　恩俯
照原議詳歸十二戸攤征還欵以昭公允事竊奉　憲
諭飭將三了基主業戸海舟堡十二戸李應揚等自借
庫項銀四千八百八十餘兩修築水基應如何派徵公
同妥議章程稟覆以憑轉詳立案等因奉此遵卽傳集
通圍各堡紳士業戸會查桑園圍基築自北宋東西兩
基一萬四千七百餘丈歷來分段歸附近各堡經管該

處有基分者謂之經管基主業戶遞年修葺以及夏潦沖決築復水基大基俱責該基主業戶自辦通圍各堡皆有基分經管無論經管業戶之稅畝多寡貧富悉係一體遵照辦理數百年無異歷有案據是以嘉慶十八年横岡基決該基主業戶稅止數頃丁止數百及二十二年三丫基破決各借欵興築均係該管基段業戶按稅科還即如道光九年吉水灣基及仙萊岡兩基沖決邑紳伍元薇捐銀幇築該基主業戶等除領欵外不敷銀數千兩時伍紳捐欵尚有銀萬餘兩分撥通圍東西兩基修葺而該兩基不敷之項不准向伍紳捐欵領足亦不准派之通圍吉水基主業戶稅有數頃丁有數百

圍照舊章自行墊足卽至赤貧之仙萊基主業戸稅不
及一頃丁不及二百其不敷銀兩亦責令自行籌措委
員冊報案據又十三年與三了基同時沖決之沙頭吉
水等基及十四年五月沙頭九江河淸各基沖決築復
水基大基各所需工費銀數千兩均係該管業戸自理
從無敢有推諉道光十三年五月三了基沖決該基主
業戸紳士李應揚等自請借領庫項銀四千八百八十
四兩八錢八分三釐通圍業戸梁萬同等稟奉　仁憲
飭次詳請歸該基主業戸海舟堡十二戸攤還係屬查
照舊章辦理嗣據李應揚等赴　督憲呈請槩歸通圍
攤徵奉批前據縣詳桑園圍借欵内四千八百八十四

兩零係三丫基主業戶海舟堡十二戶李應揚等自借興築水基並非通修築復大基之欵應歸十二戶按糧攤還係該圍里民公呈且圍基各有段落各還各欵亦屬公允原稟亦無通圍攤征字樣據請一併攤之通圍該武舉自為計則得矣通圍業戶其肯甘心順受耶圍基向來均應業戶按畝起科自行集資修築上年借動庫項已屬格外體卹又以四萬九千八百餘兩應攤之欵本部堂尚恐民力拮据奏准於歲修本欵息銀內扣出銀三萬九千二百餘兩免其攤征更屬體卹中之體卹各業戶應如何感激

皇仁該武舉係地方紳士自應勉感知奮乃於應完借

欵尙思推諉並以攤還修費爲科派殊非情理不准各
等因在案仰見　仁憲曁　督憲於恩䘏之中寓公
平至意李應揚等自應遵照　憲詳曁　督憲批示辦
理乃復赴　撫憲呈賫致奉飭議紳等遵卽公同合議
伏思隄基鞏固全賴歲修歲修勤奮則基患少而沖決
難歲修廢弛則基患多而沖決易向例分段經管沖決
責令該基主業戶自辦所以專責成而勤歲修通圍各
堡皆有基分經管遇有沖決無論水基大基工費多少
基主貧富俱係全責該基主業戶自應歷來無異三了
基主業戶李應揚等怠於歲修致被沖決因大基工費
浩繁荷蒙　大憲軫念民依春耕期速恐累通圍飭照

大修事例合通圍科派帮其築復大基己屬格外恩施
誠如　督憲批諭實爲體䘏中之體䘏且十二戸於通
圍各堡中尚屬殷庶較之横岡仙萊岡等基主業戸稅
少丁稀何啻霄壤乃不思勉感又欲將自借興築水基
之欵妄思推諉不獨變亂舊章且恐各堡效尤任意將
該經管基分諉卸必致歲修廢弛貽悞非鮮所有三了
基主業戸李應揚等自借興築水基銀四千八百八十
四兩八錢八分三釐應請俯照原議詳歸海舟堡十二
戸分限按糧攤征還欵緣奉飭議紳等通圍紳士業戸
僉議悉同合將僉議緣由稟覆　仁憲伏乞據情詳覆
飭遵實爲恩便爲此具呈　大老爺臺前恩准施行

縣憲批即據情轉詳

道光十五年五月初二日署南海縣劉　爲據情詳覆

事道光十五年二月二十五日奉　藩憲札開奉　撫

憲批據南海縣武舉李應揚等呈稱切武舉等十二戶

去年五月内西潦漲發將圍基沖決百有餘丈荷蒙

列憲親臨履勘令武舉等趕築水基以救晚禾武舉等

即向　各大憲聯呈請領歲修息銀荷蒙恩准武舉等

當即旋里打樁培土詎意功將成而復潰者再致三築

乃成共用去銀四千八百餘兩迨築決口及圍内請領

蒙　督憲

並蒙撥欵前後共發給銀四萬九千八百八十餘兩經

奏請在桑園圍歲修本欵息銀扣回三萬九千二百六十九兩餘尚欠銀一萬零六百十五兩欽遵諭旨自十四年起分限五年歸欵該圍按糧攤征每年征解銀二千二百二十三兩欽遵在案㝡有以里民梁萬同石中藏等瞞稟縣主通詳云所欠一萬零六百之數內要先派四千八百餘兩歸十二戶其餘五千七百餘兩始派通圍等語此意實與　制憲原奏不符又云遞年修葺以及夏潦沖決築復水基大基例責該基主業戶自辦等語查舊日章程雖係各堡基段遇有沖決坍卸責令該基主自行經理但此指小費而言若千兩以上則派之通圍志有明文矣以十二戶

受災獨深共計田稅五十五頃四十三畝九分一釐除
水沖沙壓四十一頃八十二畝零三釐九毫七絲實剩
田稅一十三頃六十一畝八分七釐零三絲經蒙前縣
憲黄親臨履勘屬實在案其民房倒塌者十之六七所
有十二戸村場即有方寸餘地亦已盡行挖土培基竟
不成爲村落矣現有天后廟上下一段患基正月時業
戸修築用去銀一千餘兩兹又復興修築緣五月時西
潦漲發在基局内發出銀五百餘兩不分晝夜搶救僅
保無虞此項銀兩業已稟追在案今既要科派塡還此
欵又要科派修築圍基重重科派實在維艱倘復加以
里民粱萬同等所稟四千八百之項則十二戸之民何

以聊生只得瀝情叩赴臺階伏乞　大人鑒此苦情請
照原
奏恩施格外將里民梁萬同等所稟四千八百之項派
之通圍俾十二戶之窮民不至流離失所則感再造之
恩於生生世世矣等情奉批查上年十一月據南海縣
具詳里民梁萬同等呈議擬還桑園圍借欵項內據稱
共應還銀一萬零六百餘兩內四千八百餘兩係海舟
堡業戶李應揚十二戶自借興築三丫水基並非通修
築復大基之欵應歸十二戶按糧攤還尚餘銀五千七
百餘兩始派通圍南順二縣三七分攤等情業經批司
轉飭知照在案如果所議未協該業戶因何並不及早

稟縣查辦迄今數月之久忽以攤派不公諉之通圍究竟此項借欵銀兩應如何分别按糧攤征還欵以昭平允之處仰布政司速飭南海縣傳集各堡紳業人等諭令公同妥議稟覆立案事關帑項毋任諉延干咎等因奉此查本案先據該縣具詳奉　兩院憲批司當查桑園圍基上年破水沖决據該圍業戶先後共在司庫借給修費銀四萬九千八百八十四兩八錢八分三釐本應遵照原

奏在於該圍業戶分限五年按糧攤征還欵嗣奉　督憲以該圍業戶十四年秋收後既有應繳緩征銀米又須按畝攤派借支修費同時並征實恐力有未逮奏請

將動支本款息銀一萬六千二百六十九兩八錢八分
三釐就欵開銷又在本欵歲修息銀內扣收歸還借欵
銀二萬三千兩外尚欠銀一萬零六百十五兩分限五
年歸該圍按糧攤征等因欽奉硃批允准在案今若以
修築三丫基工費銀四千八百八十四兩八分三釐責
令海舟堡內李應揚等十二戸自行繳還尚餘銀五千
七百三十兩零一錢一分七釐始歸通圍南順兩縣各
堡按糧攤還核與　督憲奏奉
恩旨未符就經札飭廣州府查議詳覆去後玆奉批前
因合就札遵札縣速卽查明所借修費如何派征傳集
各堡紳業人等公同妥議章程由府核議詳覆赴司以

憑詳明　院憲立案毋稍偏延滋訟等因又奉　憲臺
轉奉　藩憲奉　撫憲批行前因到縣奉此當卽諭該
圍紳業人等妥議稟覆去後茲據紳士雲南候補道鄧
里民等呈稱切奉　憲諭飭將三丫基主業戶海舟
堡十二戶李應揚等自借庫項銀實爲因便等情到縣
據此查本案先奉　憲臺轉奉　藩憲奉　督憲飭將
海舟堡十二戶所借修費基工銀兩應如何着落繳還
妥議詳核等因經卑職以該桑園圍基久經分定段落
歸各堡業戶分管遇有沖決損壞槩爲該管基段業戶
興修如嘉慶十八年沖決該圍橫岡基段及二十二年
三丫基被決均係該管基段業戶按稅科修各在案上

年該圍海舟堡十二戶經管之三丫基被決自應責令該管基段業戶按稅科修以符原案惟因工程浩大該管業戶一時科修無力仰蒙　各憲軫念民依誠恐有悞秋耕是以先後酌借該管業戶紳士武舉李應揚舉人梁澄必等領回工費銀一萬兩飭令趕緊修築未及興工旋値潦水復漲不能興築大基該紳士等議以先築攔水子基以期補種晚禾共用去工費銀四千八百八十四兩八錢八分三釐尚用剩銀五千一百一十五兩一錢一分七釐經該紳士李應揚等照數繳還　藩憲歸欵聲明另行籌議興築大隄等情在案是所借前項銀兩係該海舟堡十二戶紳士李應揚等自借興築

自已經管基段並非通修築復該圍大隄之欵自應築歸經管基段之十二戸按稅攤還且前此曾據該圍里民公呈該圍基各有段落各還各欵等情今以李應揚等自借之項責令自還尚屬公允似與
督憲奏奉
恩旨並無不符至該圍基段業戸無論殷實與否向來均係責成經管業戸按稅起科自行集貲修築上年借動庫項已屬格外體卹統計該圍先後共借給修費銀四萬九千八百餘兩應攤之欵復蒙
督憲尚恐民力拮据奏准於歲修本欵息銀内扣出銀三萬九千三百餘兩免其攤征更屬體卹中之體卹各業戸應如何感激

皇仁該武舉等係地方紳士更應倍加奮感所有該武舉等自領興築自己經管基段銀兩應請俯照原詳該圍里民公呈以修築三丫基工費銀四千八百八十四兩八錢八分三釐責令海舟堡內李應揚等十二戶依限攤還歸欵尚餘銀五千七百三十兩零一錢一分七釐則歸之通圍南順二縣各堡按糧攤還湊足一萬零六百一十五兩之數以免懸岩而洽輿情等由詳覆

憲臺轉請查辦在案奉行前因卑職伏查該桑園圍基段歷次被決修築舊案無論業戶殷實與否均係責成經管業戶按稅起科自行集貲修築上年該武舉李應揚等借領修築三丫基工費銀四千八百八十四兩八

錢八分三釐先據該圍里民公呈議歸經管基段之李應揚等十二戶依限攤還歸欵本屬公允今該紳士等聯呈公覆旣據稱係查照舊章辦理自可仍循其舊未便任由推諉所有武舉李應揚等上年借領前項修費銀兩應請俯如所請照依原詳責令李應揚等十二戶依限攤還歸欵以免延宕是否允協理合據情詳候

憲臺察核俯賜轉請查辦實爲公便爲此備由具申伏

乞照詳施行　一申本府

祁撫憲批查　督部堂原奏動支本欵息銀三萬九千二百六十九兩　八錢八分三釐應攤於何戶開銷餘銀一萬零六百一十五兩歸於何戶攤征均未據造具清册呈繳本易牽混今據詳李應揚等自借銀四千八百八十四兩八錢八分三釐歸於海舟堡十二戶按稅攤還係照舊章自未便任其諉卸惟此外之五千七百三

十兩零一錢一分七釐是否不復再攤海舟堡十二戶之處未據切實聲明殊難定案仰再切實查明另詳核辦并飭南海縣將支銷本欵息銀及攤征借項各堡戶名姓氏分晰造具清册隨詳呈繳察核事關動支庫欵毋任延混仍即錄批呈報　督部堂暨候批示具報繳

署布政使司陳　詳伏查桑園圍基既據該府飭縣查明久經分定段落歸各堡業戶分管遇有衝決損壞槩係經管基段之業戶興修如嘉慶十八年衝決該圍橫岡基段及二十二年三丫基被決均係該管基段業戶按稅科修道光十三年該圍海舟堡十二戶經管之三丫基被決該武舉李應揚等請領過修費銀四千八百八十四兩八錢八分三釐係該海舟堡十二戶紳士李應揚等自借築其自已經管基段並非逼修築復大堤

之欵事與二十二年該基被決相同其沙頭雲津簡村等堡同時借領銀貳千兩當潦水陡至時原欲堵築東基因三了水基圍築復潰東基係在下游難以施工不能堵築是以留爲冬晴大修撥歸通圍公用實與海舟堡十二戸借領銀兩搶築水基不同未便因李應揚等隨詳翻控有搶築水基係顧通圍晚禾一語任聽推諉宕延所有該武舉李應揚等借築三了水基工費銀四千八百八十四兩八錢八分三釐應如該縣府所議責令海舟堡十二戸依限攤還歸欵其餘銀五千七百三十兩零一錢一分七釐應歸通圍按糧攤征海舟堡十二戸卽在通圍之内仍照一體匀攤至該圍攤征借項

各堡戶名姓氏清冊及應造報銷細冊俟飭令造送到日另文呈繳是否允協理合詳候　憲臺察核批示飭遵除詳云云

十八年九月十八日呈桑園圍紳士何文綺溫承悌舉人張喬年冼文煥何淞湘梁懷文潘漸逵梁植生潘以翎黃亨何子彬曾銘勳職員溫承鈞呈爲已收另支乞

恩將欠轉詳攤收事切桑園圍十二戶武舉李

等前於道光十三年間借領到　帑項四千八百八十四兩八錢八分三釐搶築三丫水基嗣因該武舉等將所領銀兩推攤還欵以致互控旋奉　憲行飭令通圍紳士　等公議處覆　等正欲會議惟適因道光十

七年五月內西潦大漲搶築無資集衆酌議勸令十二
戶該武舉等將未繳之項勉力交出搶築各基險處該
武舉等業已陸續交出搶築支銷清楚惟該武舉前領
帑項未繳只得據情聯叩
臺階伏乞俯賜轉詳將該武舉等未繳四千八百八十
四兩八錢三釐之數歸入通圍攤收并繳清冊呈　電
　計繳修築桑園圍清冊一本
具呈桑園圍十二戶武舉李應揚梁澄心李謙揚等
呈爲另數完銷乞將　帑項轉詳均攤事切武舉李
　等前於道光十三年間借領到　帑項四千八百八
十四兩八錢三釐搶築桑園圍三丫水基崩因與紳士

何　等推派互控屢奉　憲行飭令闔圍紳士公議處覆衆紳士正欲會議惟適於道光十七年五月内西潦復漲闔圍紳士會同酌議勸令十二戶武舉等將所借領未還之項勉力交出及時搶築各基險處其所欠帑項歸入通圍攤收是日衆情允協武舉等已將此數陸續交出搶築支銷明白惟所欠　帑項未繳只得據情稟叩　台階伏乞俯賜轉詳將武舉等前領　帑項四千八百八十四兩八錢零三釐之數歸入通圍攤收

何文綺批繳到清冊一本存候核明轉詳至所稱海舟堡十二戶武舉李應揚等應還前領　帑項業於去夏交該紳士等築險基交銷清楚請歸通圍攤還等語並

卽詳明可也　李應揚批已批何文綺呈內

道光十七年十月　日南海縣劉　爲據情轉詳事案

奉本府　憲臺札開奉　藩憲轉奉　巡撫廣東部院

祁批據南海縣申詳議覆桑園圍李應揚等借築水基

銀兩應歸海舟堡十二戶攤還等由奉批該縣所議是

否公允仰布政司卽日核明擬議詳覆察奪餘已悉仍

候　督部堂批示繳又奉　兩廣總督部堂鄧　批仰

東布政司核議通詳察奪仍候　撫部院批示繳等因

嗣據該武舉李應揚等以搶築水基係顧通圍晚禾所

用工費銀兩業蒙　奏准恩免餘欠一萬零六百十五

兩自應歸於通圍攤還何文綺等將搶築水基銀四千

八百八十四兩八錢八分三釐轄令伊十二戶自行賠繳又稱沙頭雲津簡村等堡會同時借領銀貳千兩均能援　奏免還就欵開銷獨十二戶不准援　奏免還各等情控奉　院憲批司核議並據該武舉李應揚等隨詳控訴到司應卽確核妥議另詳合就札飭札府飭縣立卽查明海舟堡十二戶借築水基銀兩應如何攤還秉公妥議詳覆赴府以憑覆核等因到縣奉此當經卑職於前署任內暨劉陞縣飭據該圍紳士何文綺等議以海舟堡十二戶借築水基銀四千八百八十四兩八錢八分三釐應照舊章歸經管基主李應揚等十二戶自行攤還其沙頭等堡請領銀貳千兩已撥歸大修

通圍公用與海舟堡十二戶借築水基銀兩不同等情稟覆業經先後據情轉詳并飭知李應揚等遵照在案玆據該桑園圍紳士在籍主事何文綺溫承悌雲南候補道鄧士憲合浦教諭曾釗候選教諭何子彬曾銘勳舉人冼文煥李鳴韶何淞湘黃亨梁謙光余秩庸明倫馮日初潘漸逵潘以翎潘夔生鍾澄修馮汝棠潘佐堯陳韶梁策書郭培蔡詔黎國琛職員溫承鈞余際平等詞令抱呈何福赴縣呈稱切桑園圍十二戶武舉李應揚等前於道光十三年間借領到帑項四千八百八十四兩八錢八分三釐搶築三丫水基嗣因該武舉等將所領銀兩推攤還欵以致互控旋奉憲行飭令通圍紳

士何文綺等公議處覆等因經文綺等會議稟覆在案
旋因道光十七年五月內西潦大漲搶築無資集衆酌
議勸令十二戶該武舉李應揚等將未繳之項勉力交
出搶築各基險處該武舉等業已陸續交出搶築支銷
淸楚惟該武舉前領帑項未繳只得據情聯叩伏乞俯
賜轉詳將武舉等未繳四千八百八十四兩八錢八分
三釐之數歸入通圍攤收等情幷據武舉李應揚等呈
同前情各到縣據此卑職覆查無異除催令該圍業戶
將借領過修費銀兩遵照分限措還另行解繳外理合
據情詳候　憲臺察核除申　督撫憲　藩糧憲外爲此備
由另繕書冊具申伏乞照詳施行

一詳督撫憲藩糧憲本府

道光十八年十月　　日工典房承

申覆桑園圍李應揚等借築水基銀兩議歸通業

戶攤還由

桑園圍歲修志　卷之九

啚户
案凡圍基借帑修築必紳士出名呈請　大憲
具領方准給發道光十三年五月三丫基衝決
先經基主業户自借帑銀四千八百餘兩搶塞
水基荷蒙　宫保總督盧公暨　列憲軫念民
依准以桑園圍里民花户姓名借領帑銀四萬
五千零八十四兩築復大基仍飭令照乾隆四
十九年甲寅大修四分之一起科修葺通圍患
基此屬格外殊恩所借帑銀本年三月二十日
復蒙　宫保總督盧公奏請
恩旨以歲修息銀撥抵歸欵外餘銀五千七百餘兩歸

通圍南順兩縣各堡按稅畝分五千徵還經蒙
恩旨俞允此與　端揆宮保前總督阮公　前巡撫陳
公奏請撥藩糧二庫貯銀八萬兩交南順當商
生息爲歲修公費並爲自有桑園圍以來亘古
無兩之盛典則通圍啚甲花戸宜與詳載俾徵
輸得以核實次啚戸

九江堡三十四啚

一甲關　陞　另柱關　譽　二甲曾　廣
另柱曾三省　三甲關仕榮　四甲張明臣
另柱張斌授　五甲關仕隆　另柱關福昌
六甲梅魁先　七甲關應運　八甲岑艮富

另柱岑繼祖　九甲曾通理　十甲朱廷相

九江三十五啚

一甲黃運興　二甲蘇運隆　另柱老榮芳

三甲曾　宏　四甲關　美　另柱關上遷

五甲李隆運　另柱黃　登　另柱鍾　文

六甲陳一德　一柱陳永昌　七甲廖起昌

一柱廖　元　九甲關　法　十甲陳顯祖

又八甲關仕興

九江堡三十八啚

一甲陳世昌　一柱陳　勝　一柱陳大受

一柱陳大業　一柱陳　承　一柱陳世山

一柱陳碧洲　一柱陳世德　一柱陳大德
一柱陳廣恩　一柱陳　保　一柱陳萬安
一柱陳萬盛　二甲張彭太　一柱張仁智
一柱張　復　一柱張　同　一柱張　信
一柱張崇萬　一柱張永賢　一柱張永寬
一柱張　英　一柱彭効忠　三甲明　鐸
一柱盧紹明　一柱岑　都　一柱岑　洞
一柱岑善祖　四甲鄭波石　一柱朱紹源
一柱朱繼昌　一柱朱宣義　五甲馮劉胡
一柱馮德潤　一柱馮新盛　一柱馮化生
一柱馮　球　一柱馮嗣京　一柱馮啓昌

一柱馮直山　一柱劉　芳　一柱劉　岳

一柱劉世隆　一柱劉　毓　一柱劉遠盛

一柱劉　隱　一柱劉世美　一柱劉濟美

一柱劉永華　一柱劉昌泰　一柱劉華卓

一柱劉國安　一柱胡廣安　一柱胡大盛

一柱胡子盛　一柱胡新盛　一柱胡海盛

一柱胡昌盛　一柱胡　珽　六甲陳熙載

一柱陳　廣　七甲關義存　一柱關忠顯

一柱關榮仁　一柱關遇春　一柱李大能

一柱李永甯　一柱李鼎熾　一柱鄧　英

一柱鄧貽穀　一柱鄧沖霄　八甲黎祖福

一柱黎廣發　一柱黎其昌　一柱黎永盛
一柱黎錫玉　一柱黎　奇　一柱曾昌勝
一柱曾允勝　一柱曾維新　一柱曾　祖
一柱曾志興　九甲關世業　一柱關稅宇
一柱關永昌　一柱關洛溪　一柱關樂川
一柱關寢昌　一柱關鶴亭　一柱關玉亭
一柱關汝璧　一柱黃泰來　一柱黃貴益
一柱黃連元　一柱周上喬　一柱周　溥
一柱周　昌　一柱周東田　一柱周元覆
一柱關麗泉　一柱黃　敬　十甲馮昌英
一柱馮永興　一柱馮丹陵　一柱余文炳

一柱余梧埜

九江五十九啚

一甲曾永泰　一柱曾觀富　一柱曾恒泰

二甲李喜華　三甲梁瑞隆　四甲劉思宗

一柱黃昭泰　五甲張清富　六甲關日新

一柱關文⿰火者　一柱關嘉南　一柱關文球

一柱關福存　七甲曾奉朝　一柱曾　輝

八甲黎登泰　九甲岑起新　十甲黃興隆

九江八十啚

一甲陳聯宗　另柱黃揆文　二甲陳世卿

另柱陳士貴　三甲梁鳴鳳　四甲鄧　偉

五甲鄧仕昌　六甲劉　盛　七甲吳大進
一柱吳　廣　十甲陳登谷　另柱曾功墀
沙頭二十三啚
一甲鄧仕同　又一甲關　鎮　二甲李太畱
三甲崔　震　四甲崔仕興　又四甲崔仕登
五甲吳憲祖　又五甲馮躍祥　六甲黃色高
七甲梁耀祖　又七甲盧　明　八甲馮　長
又八甲李泗興　九甲崔文奎　十甲鄧　瓚
又十甲鄧貴旺
沙頭二十四啚
一甲崔維同　二甲盧世昌　三甲馮世隆

又三甲崔國賢　四甲何　昌　另杜歐陽翘玉
五甲崔　壽　又五甲崔　昌　六甲崔永昌
七甲何漸造　八甲何聰先　九甲何　仕
十甲李　盛　另杜鄭國安
沙頭四十三啚
一甲老必昌　二甲陳振南　三甲陸繼思
四甲李何創　五甲蘇繼軾　六甲何紹隆
七甲張懷德　八甲呂進承　九甲梁　超
十甲鍾萬壽
沙頭五十啚
一甲盧萬春　二甲崔日盛　三甲譚廣興

四甲譚廣安　五甲盧有道　六甲莫必盛
七甲崔彥興　八甲何維新　九甲崔萬昌
十甲譚同盛　另柱黃永隆

沙頭六十八啚

一甲周　遷　二甲馮　相　三甲崔桂奇
四甲胡文昌　五甲老少懷　六甲老鍾英
另柱老沼芷　七甲蘇萬成　八甲葉承爵
九甲胡祖昌　十甲何祖興　另柱僧顯珍

沙頭七十啚

一甲程萬里　二甲梁　勝　三甲崔日新
四甲梁喜昌　五甲林　秀　六甲林仕昌

七甲何繼昌　八甲林桂芳　九甲李萬盛
十甲盧大綱
沙頭七十三啚
一甲鄧崔宏　二甲劉胡同　三甲崔浩賓
四甲譚南興　五甲吳崔興　六甲譚盛 何其昌
七甲李馮文　八甲羅邵新　九甲何三有
十甲廖永經
沙頭七十四啚
一甲黃　鋭　二甲李南軒　三甲崔紹興
四甲盧明正　五甲崔勝昌　六甲崔熾昌
七甲黃色裔　八甲鄧閏高　九甲崔漸鴻

十甲關鎮興

大桐堡二十五啚

一甲陳永太　另柱陳祖昌　二甲程　慶

三甲梁世昌　四甲陳永進　五甲郭尚雄

六甲陳永昌　七甲郭嘉隆　八甲郭萬昌

另柱郭應時　九甲周日先　十甲熊萬春

大桐二十六啚

一甲冼派宗　二甲李　綱　三甲郭無疆

另柱黎珍女　另柱譚民安　另柱程儲富

另柱冼　英　另柱胡再興　另柱譚　德

四甲郭　宗　五甲郭夢松　六甲傅榮貴

又六甲郭善安　七甲郭嘉進　八甲戴　仁
另柱郭天福　另柱郭祖同　九甲郭志豪
十甲李禎祥　另柱李日盛　另柱李進盛
大桐四十一啚
一甲陳餘三　二甲李同春　三甲郭日盛
四甲郭祖興　五甲郭永興　六甲何侯關
七甲李三茂　八甲冼永隆　九甲陳恒泰
十甲胡程昌
大桐六十三啚
一甲林昌祚　另柱林鳳彩　二甲梁顯隆
三甲郭子保　四甲林厚業　五甲吳何昌

六甲郭晉豐　七甲蘇蔡沈　八甲李　賢
九甲沈郭李　十甲梁番清
大桐七十一啚
一甲程　章　二甲劉　昌　三甲傅維新
四甲麥　豐　五甲程洸昌　六甲陳　昭
七甲程思增　八甲程經顯　九甲傅永昌
十甲胡　廣
大桐七十二啚
一甲温　徐　二甲傅居萬　三甲傅精忠
四甲黎民盛　五甲陸光祖　六甲老猶壯
七甲袁桂芳　八甲高光臨　九甲郭艮進

十甲李貴隆　另柱曾斯竺

鎮涌二十七啚

二甲梁建昌　三甲何耀祖　四甲一柱何宗顯

另柱何毓裕　六甲潘可大　另柱潘善正

七甲任　儒　十甲任　隆

鎮涌二十八啚

二甲曾　賢　三甲任稅同　另柱何昌裔

五甲劉鳴鳳　六甲何少同　七甲曾　奇

九甲任　賦　十甲何大成

鎮涌二十九啚

二甲潘龍興　三甲潘起龍　另柱馮　會

四甲陳永昌　四甲陳順章　四甲陳　文

六甲潘裔昌　七甲潘大用　八甲何允隆

另柱何愈昌　另柱何晚盛　另柱何　興

九甲梁大德　另戶何國珍彥　另戶何信賢

另戶何艮輔　另戶黃少緒

鎮涌四十啚

二甲鄧劉昌　二甲鄧振東　四甲何斌舉

五甲黃雷霍　六甲何仕富　六甲扶　昌

六甲何　長　一柱何宗遠　八甲黃志德

九甲另柱馮太來　十甲何　桓　十甲何維建

河清三十二啚

一甲潘永盛　二甲潘　魁　三甲潘紹祺

四甲潘有德　五甲何其昌　六甲余元達

七甲潘繼業　八甲何榮相　九甲潘朝璉

十甲譚有俊　另戶潘樂成　另戶潘清端

另戶潘何興　另戶潘敖公

河清三十三啚

一甲黎福增　二甲潘永思　三甲潘可仕

四甲何福隆　另柱何攀桂　另柱何羣英

五甲潘賢昌　六甲胡伯興　七甲潘　傑

八甲潘維昭　另柱潘日升　另柱潘隆升

另柱潘燦升　另柱潘俊澤　九甲潘明盛

十甲潘祚興　另柱潘廣隆　另柱潘世隆
另柱潘榮升

簡村十四啚

一甲麥逢年　二甲冼憲宗　三甲梁永盛
四甲陳德昌　另柱陳燕侯　五甲馮世盛
六甲李裔興　另柱李國祀　七甲倫　廣
八甲梁俊英　又八甲黃紹宗　九甲梁　富
又九甲馮二昌　十甲陳　章　另柱陳家修
另九甲陳以平　二甲另柱冼天球

簡村五十三啚

一甲何勝祖　二甲張世昌　另柱張世盛

三甲黃　德　四甲張二德　五甲陳德昌
六甲馮　震　七甲麥　喜　八甲羅萬石
九甲張廣生　十甲張　宗
簡村五十四啚
一甲冼以進　另戶冼　喬　又一甲馮逸吾
另戶馮觀有　二甲麥　德　另戶張承恩
三甲蘇芝秀　四甲簡如錦　一柱麥　碧
五甲馬遇芳　另柱馬符祿　六甲蘇業進
另柱符瑞龍　另柱蘇茂達　七甲左　英
九甲黎有實　另柱黎衆盛　另柱霍黃呂
另柱麥　沾

百滘十一啚

一甲潘耀璣　二甲黎　忠　三甲潘大有

四甲潘啓元　五甲黎日進　另柱黎　昌

六甲潘世隆　七甲黎豐煥　八甲潘光壯

九甲潘　龍　另柱潘曰千　另柱潘曰山

又九甲潘萬盛　另柱潘廣相　另柱潘挺相

十甲梁　相

百滘十二啚

一甲張祖同　又一甲張天錫　二甲潘紹元

三甲潘大成　四甲潘上進　五甲潘致忠

六甲梁　同　七甲潘永盛　又七甲潘　學

另柱潘始昌　八甲區紹基　九甲麥佳
又九甲潘興　十甲黎日登
先登十三啚
一甲梁觀鳳　又一甲蘇耀光　二甲李標
三甲李大有　四甲蘇芝望　五甲張俊英
六甲梁卓明　另柱梁南儒　七甲蘇萬春
八甲李瑯琛　九甲蘇志大　十甲李棟
先登五十二啚
一甲張嘉隆　二甲李永高　三甲梁裔昌
四甲蘇節　五甲梁九達　六甲李大成
另柱李宗　七甲張宗傑　八甲馮有戌

又八甲符曰臣　九甲李　祥　十甲區國器

海舟三十啚

一甲梁萬同　二甲麥秀陽　三甲馮　俊

四甲余尚德　又四甲梁稔滿　五甲梁孟朝

五甲梁榮隆　另柱梁義誠　六甲温萬成

六甲梁天祚　六甲梁大有　又六甲梁　仰

又六甲黎大傑　七甲黎禮敬　八甲梁　椿

九甲李常興　又九甲李復興　十甲李遇春

海舟三十一啚

一甲石中藏　二甲簡其能　三甲馮永盛

四甲譚稅長　五甲黎世隆　六甲林　璋

七甲李文興　八甲李文盛　九甲梁　昌
十甲李繼芳　另戸蔣艮材
雲津十啚
一甲張裕賦　二甲馮　梓　四甲林桂芳
又四甲黎祖興　五甲潘祖同　六甲潘世興
另柱潘其勤　九甲吳　聰
雲津二十二啚
一甲鍾鄧劉　三甲羅　信　另柱馬　盛
另柱麥裕益　五甲程祐新　七甲陳運昌
八甲潘　德
雲津三十七啚

三甲麥大年　四甲黎振昌　五甲周　興
七甲陳聯昌　八甲何昌祚　九甲區兆麒
十甲梁德彰

雲津四十九啚

一甲黎譚崔　三甲石　英　四甲冼裕興
另柱何德詹　五甲梁林周　六甲陳　同
陳宗器　嚴　法　七甲陳宗富
九甲李　華　十甲冼公養　另柱陳兆祥

金甌九啚

三甲余振剛　五甲余　成　七甲余一鸞
衿戶余艮棟　另柱余永昌　九甲梁維彰

另柱張　廣　十甲趙萬印

金甌三十六啚

一甲潘　綬　二甲岑老壯　三甲羅　昌

四甲余　挺　五甲岑裕昌　六甲關永興

七甲冼祐隆　八甲余永隆　九甲唐　聖

十甲余際興

金甌四十六啚

一甲陳　昌　二甲老陳梁　三甲余區同

四甲余世昌　六甲余萬盛　八甲陳　益

衿戶陳　鰲　十甲余冼興

祠廟

案能禦大災則祀能捍大患則祀名山川澤出財用有功烈於民則祀經傳固有明文卽如我朝會典通禮所載祀典東西南北四海龍王江淮河濟四瀆之神及天津海口洞庭湖浙江海潮諸神俱遣官致祭浙江海塘英衛公伍員誠應武肅王錢鏐靜安公張夏甯江伯湯紹恩俱有司春秋二祭我桑園圍地隸廣州吉贊橫基宋明以來建有洪聖廟祀南海之神配以何公執中張公朝棟河清基亦有洪聖廟今圯九江堡建有穀食祠十八堡同建祀陳公博民最合典禮

國朝乾隆六十年通圍紳民創建南海神祠於李村新基　前布政使陳公大文題書楹銘牓額儭祠左祀雨師風伯右奉　列憲紳賢有功德於通圍者祿位　布政使陳公復撥給祀產凡此　祠廟三處皆專爲桑園圍而設例當備載俾永永恪展明禋聿昭崇報其餘圍內各堡洪聖廟尚多非圍基專祀槩不濫述而以祠廟殿全書焉

南海神廟在海舟堡李村上虛

國朝乾隆六十年建奉撥祀田陳軍涌口水生沙坦一頃一十三畝五分零

陳藩憲撥沙坦充祀典示

嘉慶元年十月初四日布政使司陳　為報明官荒懇撥祀典以杜爭端以資公用事嘉慶元年九月二十六日奉巡撫廣東部院朱　批本司呈詳嘉慶元年九月初五日據南海縣申稱嘉慶元年正月二十六日據桑園圍紳士舉人黃世顯歲貢區先登生員李定卓符澤蘇眞安業戶梁俊江李著鴻李壁東等稱切照桑園一圍前被潦水沖決荷蒙　各憲軫念民依捐廉倡築兩邑紳民共捐銀五萬兩合　力大修全圍藉固事竣蒙藩憲諭令於李村新基外建立南海神祠為全圍保障　落成後復蒙　各憲親詣行香題留頌禱聲靈遠播不特全隄藉庇即南順兩邑上下村庄往來籌議隄防事宜亦得有托足駐宿之地洵為千古不可易之香烟但目下堂垣雖已聿新而將來修葺以及遞年春秋祀典司祝傳事公需尚有未備自應預籌經久方足以仰副　各憲建設深恩茲查先登堡鷺埠石村基外陳軍涌生有沙坦九十餘畝久經業戶區廣昇當官承佃其自區廣昇地界之西北自陳軍涌三水鳳起鄉周明端地界起南至先登堡茅岡鄉區福祖地界止計長三百六十餘丈極西至河邊約稅將及百畝前於乾隆四十年擬抵九江堡關敦厚虛稅隨奉　前督憲李　批行

不准承陞恐其圍築有碍河道任由沖刷迨後附近貧
民貪圖美利私種雜糧因係無主之業此種彼收致釀
人命嗣經先登堡各鄉嚴禁不許私耕此後變爲牧牛
草地然遞年潦水淤積沃土日漸高寬現成膏腴之業
可以種植桑麻豆麥等類較之上下接連地段每畝可
批租銀一兩有奇與其任田拋荒日後豪強霸耕滋事
附近村民有公庭牽累之慮孰若撥歸神廟爲春秋祀
典囙可以杜各鄉貧民霸耕滋訟之端而於全圍香火
公需似亦不無小補爲此聯呈叩懇仁恩查案核明委
員勘丈詳請撥入神廟遞年按堡收租辦理祀典公用
實爲德便等情到縣據此卷查乾隆六十年十二月二
十三日奉　憲臺札開據本司書辦梁玉成稟前事等
情到司當經札飭南海縣親往逐一查勘去後茲據申
稱卑職遵卽卷查并查額征全書附載穫稅絕軍王翰
仁馬寬等各業應征官租銀三十七兩五錢七分六厘
前因各業沖缺查將九江洛口沙撥給佃戶關敦厚等
抵耕嗣洛口沙復經沖缺關敦厚等將陳軍漏口新沙
撥抵奉委順德縣勘明詳奉　前督憲李　因恐有碍
水道未奉准行嗣據楊彤萼吳樂天鄭思誠等承佃各
沙共收租銀七兩二錢四分一釐撥抵王翰仁等虛租
外尚存虛租銀三十兩零三錢三分五釐遞年官爲捐
解在案隨將卷宗移送九江主簿查勘去後茲准覆稱

查明各卷傳集紳耆沙鄰人等吊核原承稅照齊赴該
沙勘得形分七段委係水生淤坦係屬無主官荒土厚
而肥悉與鄰田相等並無妨碍水道鄰田廬墓以及隱
佔重承情事不用圖築即可開耕當即訊取沙鄰各供
插明界址丈得該沙實稅一頃一十三畝五分零二毫
六絲七忽繪圖取結造具弓冊移送前來卑職覆查無
異并經飭據紳耆總局首事人等議稱該沙一頃一十
三畝五分零二毫六絲五忽每畝約收租銀一兩五錢
有奇每歲可共收銀一百七十餘兩除請撥抵絕軍王
翰仁等虛租銀三十兩零三錢三分五釐外計剩租銀
一百三十餘　兩以之供辦　神廟春秋二祭約共支銀
四十兩歲修　神廟支銀二十兩司祝供食支銀二十
兩香燈支銀二十兩外尚仍剩銀三十餘兩儘足以資
經理租項首事紙筆薪工并議公事茶水等費其經理
租項首事每三年公舉一般實公正二人交接承當通圍
共十一堡離廟遠近不一按各遠近配搭輪值以來歲
嘉慶二年為始首以海舟金甌大桐簡村四堡公舉二
人經理三年次以先登百滘雲津三堡公舉二人經理
三年又次以鎮涌河清九江沙頭四堡公舉二人經理
三年收支各數均令逐一登明三年期滿交代下手接
交時將各賬目公同逐一算明毋任絲毫遺漏侵隱循
還稽察自可經久無患公私各有所裨等情前來卑職

確加查核似屬妥協傳集面詢亦與稟詞無異伏查該沙係屬水生無主官荒並無妨碍水道鄰田廬墓以及隱佔重承情事與其抛荒日久豪強霸耕滋事誠不若歸入　河神廟內批佃收租供辦祀典以及歲修各費且據紳耆所議經理租項之處亦極公妥詳明實可經久無弊應請俯順輿情悉如所請准將該沙歸入　河神廟內批佃收租以資各費倘蒙允准即令將界用石竪明聽該紳耆等自行召佃承耕并令勒石以垂久遠至該沙稅現奉停墾應請免其陞科將來奉行墾陞再行酌議具詳分別辦理理合詳候察核示遵等由到司據此本司查看得南海縣屬桑園圍總局紳耆黃世顯等請將先登堡鷲埠村前基外土名陳軍滘口水生沙坦撥歸　河神新廟內批佃收租以供祀典及各費用一案緣桑　園圍基工竣復在該基建建立　河神廟宇保護全圍紳耆黃世顯等因無祀典以及歲修香燈費用闔圍酌議請將陳軍滘沙坦一段撥歸　河神廟內批佃收租以資春秋祀典及歲修費用等情當經札飭南海縣親往該處沙坦逐細勘明有無妨碍水道鄰田廬墓以及隱佔重承情事刻日確查妥議詳覆去後茲據南海縣申稱該沙係屬水生無主官荒並無妨碍水道鄰田廬墓以及隱佔重承情事與其抛荒日久豪強霸耕滋事誠不若歸入　河神廟內批佃收租供辦祀

典以及歲修各費且據紳耆所議經理租項之處亦極公妥詳明實可經久無弊應請俯順輿情悉如所請准將該沙歸入河神廟內批佃收租以資各費倘蒙允准即令將界石豎明聽各紳耆等自行召佃承耕并令勒石以垂永久至該沙稅現奉停懇應請免其陞科將來奉行懇陞再行酌議具詳等因前來本司伏查陳軍涌沙坦既據南海縣查明委係無主官荒亦無妨碍水道鄰田廬墓以及隱佔重承情事且各紳耆所議經理租項甚屬公平應如該縣所請准其擬歸河神廟內批佃收租以資各費候奉批回飭令南海縣將各界用石豎明聽該紳耆等自行召佃承耕并令勒石以垂久遠至該沙稅現在停墾應請免其陞科將來奉行墾陞再行酌議另詳緣由奉批如詳飭遵辦理仍候將來墾陞時酌議具詳核辦並候 督部堂衙門批示繳圖冊存等因奉此又奉兵部尚書總督兩廣部堂朱 批仰候 撫部院衙門 批示飭遵具報繳圖冊存等因奉批此除呈報 督憲衙門及行廣州府轉飭遵照外合就出示爲此示諭該圍紳耆人等遵照立將該沙用石豎明界栰查照議定章程遞年自行召佃收租除解抵絶軍王翰仁等虛租銀三十兩零三錢三分五釐外遞年辦理春秋祀典等項公用勒石 河神廟內以垂永久如將來奉行墾陞再行具呈請辦毋違特示 據甲寅

桑園圍歲修志 卷之九 癸巳 究

桑園圍志修

賢官配祀銜名

宋尚書左僕射兼門下侍郎晉少師何公諱執中

宋廣南路安撫使張公諱朝棟

兵部尚書兼署兩廣總督暫留廣東巡撫號石君朱公

兵部尚書都察院右都御史總督廣東廣西等地方軍務兼理糧餉號礪堂蔣公

太子少保兵部尚書都察院右都御史總督廣東廣西等地方軍務兼理糧餉號芸臺阮公

太子少保頭品頂帶兵部尚書兼都察院右都御史總督兩廣等處地方軍務兼理糧餉一等輕車都尉號厚山盧公

兵部侍郎兼都察院右副都御史巡撫廣東地方提督軍務兼理糧餉陳公名若霖

欽命廣東等處承宣布政使司布政使加三級紀錄五次號簡亭陳公

欽命廣東等處承宣布政使司布政使加十級紀錄十次趙公名慎畛

欽命廣東等處承宣布政使司布政使加五級紀錄十二次號敬占吉公

欽命廣東督糧道軍功加五級吳公名俊

欽命廣東督糧道管通省民屯錢糧料價兼分巡廣州府管轄佛岡直隸同知帶理水利驛務加三級紀錄三次盧公名元偉

欽命廣東督糧道管理民屯錢糧料價兼分巡廣州府管轄佛岡直隸同知帶理水利驛務加二級紀錄八次號雲麓鄭公

廣州府正堂加八級紀錄五次朱公名棟

特調廣州府正堂加十級紀錄十次卓異候陞號謝堂金公

署廣州糧捕監掣府加十級紀錄十次劉公名毓琇

明特調南海縣正堂加二級紀錄五次朱公諱光熙

南海縣正堂加十六級紀錄十四次李公名檈

署順德縣正堂加十級紀錄十次王公名志槐

順德縣正堂加十級紀錄十次汪公名注

特調南海縣正堂加四級紀錄六次卓異候陞閆公名掄閣

調署南海縣正堂加十級紀錄十次紀大功三次卓異候陞仲公名振履

署南海縣正堂卽用分府加五級紀錄五次吉公名安

特調南海縣正堂加五級紀錄五次號半溪黃公

署南海縣九江廳加三級稽公名會嘉

南海縣分駐九江廳加一級李公名德潤

署南海縣江浦巡政廳加三級呂公名濚

兵部尚書兼都察院右都御史兩廣總督澄泉瑞公

署兵部侍郎兼都察院右副都御史廣東巡撫筠仙郭公

兵部侍郎兼都察院右副都御史廣東巡撫香泉蔣公

兵部侍郎兼都察院右副都御史廣東巡撫星衢李公

廣東承宣布政使司布政使浦帆王公
運同銜廣州糧捕通判署南海縣事京圃陳公

鄉先生配祀銜名

兵部右侍郎都察院左副都御史温名汝适號篔坡先生
明處士陳諱博民號東山先生
雲南糧儲道前翰林院庶吉士諱士憲號鑒堂鄧公
貤贈奉直大夫翰林院庶吉士加四級晉贈資政大夫選用員外郎加七級候選州同諱進號思園潘公
工部郎中木倉監督賞戴花翎諱文錦號東川盧公
鹽運使銜候選道加四級刑部員外郎諱元芝號商靈伍公
候選道加四級刑部郎中賞戴花翎諱元蘭號香皐伍公
布政使銜候選道賞戴花翎欽賜舉人諱崇曜號紫垣伍公

國學生玉成梁公

處默堂義士

選用員外郎辛亥　恩科舉人諱斯湖號湘南潘公

知府銜候選同知諱錦華號子莊李公

洪聖廟在河清堡圍基上以宋丞相何公執中配祀今圮

洪聖廟在百滘堡吉贊橫基明建旋圮

國朝乾隆八年重建四十四年六十年重修置祀田一畝五分五釐零一土名北了田一坵載中則民稅一畝零二釐八毫三絲七忽該民米三升三合價銀二十三兩七錢六分稅在百滘堡十二啚八甲戸內　一土名新基外田一坵載中則民稅五分三釐三毫一絲四忽該民米一升七合一勺一抄四撮價銀十二兩九錢六分稅在百滘堡十二啚六甲戸內

賢官配祀銜名

宋尚書左僕射兼門下侍郎晉少師何公諱執中

宋廣南路安撫使張公諱朝棟

鄉先生配祀銜名

宋十堡經理興築桑園圍基事務黃公嗣昌等

宋經理興築吉贊横基十堡義士陳公遇隆等

明修築横基御賜乃功堂東山叟陳公博民

國朝捐修吉贊横基義士程公儀先

歷代經理修築吉贊横基十堡義士

穀食祠在九江堡忠良山麓十八堡士民建祀義士陳

博民今其子孫世司祠祀

黎秫坡穀食祠記

穀食祠記南海廣之沃壤唯鼎安沿流西江自牂牁暨鬱林諸江並滙於梧合流經封康出高要峽踰西樵山入海湍瀨衝激漲阡陌圮濱江民廬舍歲相望不絕民束手屏耒耜前代雖有隄防尋起尋伏不過踵白圭之餘法耳洪武季年九江東山叟陳君博民迺相原隰謂夏潦之湧勢莫雄於倒流港窒之必殺其流於是度以尋尺約其規矩簡易如指掌迺入京師稽顙玉階下悉縷陳其便宜太祖高皇帝嘉之即勑有司呼子來之民率疏附之衆屬博民董其役由甘竹灘築隄越天河抵橫岡絡繹互數十里經始丙子秋告成丁丑夏是歲大稔民皆舉手加額相慶曰帝德如天粒我蒸民萬世利也然非陳氏子勇於有爲則下民疾苦上何由而知乎今餒者有餘粟寒者有餘衣父子以樂室家以和無流離饑殍者倚誰之力也不有報德何以勸善乃相率鳩材建祠三間額曰穀食祠爲游息之所里人岑平漢等走鄰壤新會請記於予予維洪範八政以食貨爲首管子五事以溝瀆爲先蓋溝瀆遂則食貨由是而出此王政之要農務之急司收者之責也今博民無是責而能施政可不謂賢乎設使居其位任其責必能大有爲不失民望矣夫酬功報德士君子之心也二三子拳拳若

此予不可不成人之美遂記其事而繼之以頌曰天生
蒸民稼穡是依疇昔洪水黎民阻飢禹稷既興萬世農
師栽成其道轉相其宜水患既平百穀既生酒粒酒食
酒安酒康後世有作孰繼其頁堯佐於滑子瞻於杭彼
美博民頡頏前人才堪撫衆志存濟民挾策獻納前席
講論功加當時澤被後昆桑田滄海坐見遷改以耕以
收以勞以來萬寶告成三時不害紀績貞珉光於前載
新會黎貞記　　崇正十年丁丑歲仲夏吉旦重修立石
據甲寅桑
園圍志修

桑園圍歲修志　卷之九